中油国际管道公司技能培训认证系列教材

燃驱压缩机组运行与维护
（初级）

中油国际管道有限公司　编

石油工业出版社

内 容 提 要

本书是中油国际管道公司技能培训认证系列教材之一。本书根据燃驱压缩机组运行维护人员的职业特点，主要介绍及升压工艺、天然气压缩机组基础、燃气轮机驱动压缩机组、压缩机组控制系统、压缩机组辅助系统、压气站工艺操作、压缩机组一般运行管理和一般维护的知识和技能。

本书适用于天然气长输管道燃驱压缩机组相关从业人员使用和参考，以及企业内部培训教学。

图书在版编目（CIP）数据

燃驱压缩机组运行与维护：初级／中油国际管道有限公司编．—北京：石油工业出版社，2024.11
中油国际管道公司技能培训认证系列教材
ISBN 978-7-5183-6513-5

Ⅰ.①燃… Ⅱ.①中… Ⅲ.①天然气-压缩机-机组-运行-技术培训-教材②天然气-压缩机-机组-维修-技术培训-教材 Ⅳ.①TE964

中国国家版本馆 CIP 数据核字（2024）第 007070 号

出版发行：石油工业出版社
（北京朝阳区安华里二区 1 号楼　100011）
网　　址：www.petropub.com
编辑部：（010）64243803
图书营销中心：（010）64523633
经　销：全国新华书店
印　刷：北京中石油彩色印刷有限责任公司

2024 年 11 月第 1 版　2024 年 11 月第 1 次印刷
787×1092 毫米　开本：1/16　印张：8.5
字数：178 千字

定价：30.00 元
（如出现印装质量问题，我社图书营销中心负责调换）
版权所有，翻印必究

《中油国际管道公司技能培训认证系列教材》编委会

主　　任：钟　凡
副 主 任：金庆国　张　鹏　宫长利　刘桂华　韩建强
　　　　　才　建
委　　员：姜进田　王　强　刘志广　徐　宁　袁运栋
　　　　　史云涛　罗胤鬼　刘　锐　艾唐敏　张　宇

《燃驱压缩机组运行与维护》编写组

主　　编：袁运栋
副 主 编：王　巍　张　宇
参编人员：（按姓氏笔画排序）
　　　　　丁振军　王成祥　王华青　邓琳纳　叶尔博
　　　　　叶建军　吕子文　向志雄　刘　岩　孙　强
　　　　　孙波浪　孙海芳　李　振　李　涛　李　铮
　　　　　李国斌　李建廷　杨　放　肖　俏　肖博舰
　　　　　余春浩　宋　航　陈　龙　陈子鑫　陈若雷
　　　　　林　青　郑志明　宗鹤宏　赵　亮　郝振东
　　　　　侯世宇　高　斌　陶世政　崔新鹏　曾克然
　　　　　谭森耀　潘　涛　戴兴正

序

中油国际管道公司发展至今，业务范围覆盖乌兹别克斯坦、哈萨克斯坦、塔吉克斯坦、吉尔吉斯斯坦、缅甸、中国六国，承担着守护国家"西北、西南"能源战略通道的责任，是"一带一路"倡议的先行者与践行者。公司现下辖13个合资及独资公司，建设和运营6条天然气管道和3条原油管道，向国内源源不断地输送着石油、天然气能源。

公司派驻海外工作的运行工程师用工形式多样化、人员技术水平各有差异，海外站场的管理岗位有限。在"十三五"开局之年公司战略性提出了建设"世界先进水平的国际化管道公司"目标，其中的一项重要任务就是提高运行维护人员的专业素质。公司始终将技术创新作为企业发展的动力，把人才作为企业发展的重要基石，致力于培训一流技术水平的员工，来建设世界一流的能源企业。为适应新形势，契合公司建设世界先进水平管道公司战略目标，需探索创新选才、用才、聚才的专业技术人才培养机制，全面提升专业技术队伍的素质及稳定性。

为提升现场工程师技术水平、拓展成长空间、优化现场管理，提升队伍素质，打造一支与业务发展规模相适应的国际化运行管理的人才队伍，公司结合运行管理需求，开展充分调研及研究，探索制定运行工程师培训认证建设，开展了公司运行工程师认证体系建设教材、题库编制工作。这项工作一是有助于现场运行工程师能力和技术水平的提高；二是提升队伍素质，优化现场管理，满足公司的运营需求；三是为公司海外管道安全运行维护提供坚实的保障；四是公司国际化发展战略顺利实施的重要措施。运行工程师认证体系教材和题库的编写工作高度契合公司人才战略目标，对公司专业技术人才培养机制的完善具有重要意义，为公司"双通道"战略的顺利实施提供坚实保障。

中油国际管道公司技能培训认证系列教材全面涵盖了长输油气管道生产运行各主要专业的知识、理论和技能，是为广大油气管道生产运行人员量身打造的学习书籍。

前言

在中油国际管道公司建设"世界先进水平的国际化管道公司"目标引领下，为适应新时期技术、工艺、设备等专业的发展，提高运行员工队伍素质，满足培训、鉴定工作的需要，中油国际管道公司搭建了运行工程师认证培训体系模型框架，按照生产运行业务划分为工艺、设备、压缩机组、电气、自动化、计量、通信、管道完整性、阴极保护、维抢修等十大专业技术组，开展了《中油国际管道公司技能培训认证系列教材》的编制工作。

本系列丛书有十个专业，每个专业按"初级/中级/高级"三个级别工程师的能力模型及知识框架，分为初级、中级、高级三个分册，编制了相应教材和题库，相信随着本丛书的陆续出版，会成为长输管道运行工程师培训和认证的有力抓手。

《燃驱压缩机组运行与维护》是《中油国际管道公司技能培训认证系列教材》的一本，其中，《燃驱压缩机组运行与维护（初级）》主要介绍压气站及升压工艺、天然气压缩机组基础、燃气轮机驱动压缩机组、压缩机组的控制系统、压缩机组辅助系统、压气站工艺操作、压缩机组一般运行管理、压缩机的一般维护等内容；《燃驱压缩机组运行与维护（中级）》主要介绍压缩机组和燃气轮机的结构与组成、压缩机组的控制和仪表系统、燃气轮机运行操作、压缩机组辅助系统的操作、压缩机组维护保养等内容；《燃驱压缩机组运行与维护(高级)》主要介绍燃驱离心式压缩机组的设计与选型、燃驱离心式压缩机组运行工况及负载分配、压缩机组控制面板模式和说明、压缩机组振动监测和动态监控、燃驱离心式压缩机组各种部件的维护检修、燃驱离心式压缩机组机械设备和控制系统的故障诊断及处置等内容。

本书在编写过程中得到了中国石油管道局投产运行分公司的大力支持，在此表示衷心感谢。

由于编者水平有限，书中不足、疏漏之处请广大读者提出宝贵意见。

《燃驱压缩机组运行与维护》编写组
2023 年 12 月

目录

第一章　天然气管输及压气站工艺概述 …………………………………………（ 1 ）
　　第一节　天然气管输概述 …………………………………………………（ 1 ）
　　第二节　天然气压气站工艺设备及流程 …………………………………（ 8 ）
　　第三节　天然气压缩机组在压气站的应用 ………………………………（ 13 ）

第二章　天然气压缩机 …………………………………………………………（ 16 ）
　　第一节　天然气压缩机组的构成 …………………………………………（ 16 ）
　　第二节　天然气离心压缩机的原理和参数 ………………………………（ 17 ）
　　第三节　燃气轮机类型 ……………………………………………………（ 20 ）
　　第四节　天然气压缩机组的辅助系统 ……………………………………（ 20 ）

第三章　燃气轮机驱动压缩机组 ………………………………………………（ 22 ）
　　第一节　燃驱压缩机组的构成 ……………………………………………（ 22 ）
　　第二节　燃气轮机的构成与工作原理 ……………………………………（ 23 ）
　　第三节　燃气发生器的构成与工作原理 …………………………………（ 24 ）
　　第四节　动力涡轮 …………………………………………………………（ 32 ）
　　第五节　常见燃驱压缩机组参数 …………………………………………（ 35 ）

第四章　压缩机组控制系统 ……………………………………………………（ 36 ）
　　第一节　离心压缩机组控制系统简介 ……………………………………（ 36 ）
　　第二节　离心压缩机组振动监测系统简介 ………………………………（ 37 ）
　　第三节　压缩机组动态监控简介 …………………………………………（ 37 ）
　　第四节　压缩机防喘控制系统简介 ………………………………………（ 38 ）
　　第五节　压缩机组压力控制和负荷分配 …………………………………（ 39 ）
　　第六节　压缩机组仪表测量 ………………………………………………（ 40 ）
　　第七节　压缩机紧急停车(ESD)系统简介 ………………………………（ 41 ）
　　第八节　可编程序控制器(PLC)简介 ……………………………………（ 42 ）

第五章　压缩机组辅助系统 ……………………………………………………（ 45 ）
　　第一节　液压启动系统 ……………………………………………………（ 45 ）
　　第二节　燃料气系统 ………………………………………………………（ 47 ）

I

第三节　润滑油系统……………………………………………………………（48）
　　第四节　冷却及空气密封系统…………………………………………………（50）
　　第五节　涡轮控制………………………………………………………………（50）
　　第六节　燃气发生器水洗系统…………………………………………………（51）
　　第七节　箱体通风系统…………………………………………………………（52）
　　第八节　二氧化碳消防系统……………………………………………………（52）
　　第九节　空气入口过滤器………………………………………………………（54）
　　第十节　燃气轮机辅助系统……………………………………………………（55）
　　第十一节　其他辅助系统………………………………………………………（59）
第六章　压缩机组操作……………………………………………………………（62）
　　第一节　压缩机组运行的操作条件及工艺流程操作…………………………（62）
　　第二节　SIEMENS RB211-24G 型燃压机组基本操作 ………………………（77）
　　第三节　SOLAR Titan 130/C45-3 型燃压机组基本操作 ……………………（79）
　　第四节　GE PGT25+SAC/PCL800 型燃压机组的基本操作 …………………（92）
　　第五节　压缩机组的操作规定和运行管理……………………………………（95）
　　第六节　压缩机组的检查和检测………………………………………………（98）
第七章　压缩机组辅助系统操作…………………………………………………（99）
　　第一节　润滑油系统运行操作…………………………………………………（99）
　　第二节　燃机燃料气系统运行操作……………………………………………（100）
　　第三节　燃料气橇系统运行操作………………………………………………（102）
　　第四节　空气系统运行操作……………………………………………………（103）
　　第五节　火气系统运行操作……………………………………………………（104）
　　第六节　电动机控制柜系统运行操作…………………………………………（105）
　　第七节　电气设备操作及安全要求……………………………………………（106）
第八章　压缩机组一般运行管理…………………………………………………（111）
　　压缩机组运行及检查管理………………………………………………………（111）
第九章　压缩机组一般维护………………………………………………………（114）
　　第一节　例行检查………………………………………………………………（114）
　　第二节　定期维护保养…………………………………………………………（115）
　　第三节　燃气轮机压缩机清洗…………………………………………………（119）
　　第四节　压缩机组的排污………………………………………………………（120）
　　第五节　安全阀检定……………………………………………………………（122）
附录…………………………………………………………………………………（123）
　　缩写索引表………………………………………………………………………（123）

第一章 天然气管输及压气站工艺概述

学习范围	考核内容
知识要点	天然气管输系统
	压力管道的分级
	压气站工艺设备
	天然气压缩机组在压气站的应用
操作项目	压气站的工艺流程

本章主要介绍天然气管道压气站的基础知识，压气站工艺流程及设备的组成，压缩机组在压气站的作用。

第一节 天然气管输概述

一、天然气从气田到用户概述

天然气密度小、体积大，管道输送是输送天然气的主要方式之一。从气田的井口装置开始，经矿场集气、净化、干线输气，直到通过配气管网送到用户，形成一个统一的密闭输气系统。整个系统主要由矿场集气管网、干线输气管道(网)、城市配气管网和与这些管网相匹配的站、场装置组成。

(一) 采气和气田集气

天然气的开采是将埋藏于地下数百甚至数千米深的储气层中的天然气引至地面的过程。要实现天然气开采、输送，基本要进行气田开发、气井开采、气田集气过程。

1. 气田开发

气田的开发工作可分为勘探和开发两个阶段。勘探阶段的任务是发现和探明气田，搞清气田地下的基本情况；开发阶段的任务是充分合理地利用地层的能量，采用先进的工艺技术，实现气田的高产稳产，把已探明的储量充分开采出来，达到较高的最终采收率。对小型气田，少数探井就能满足开发工作的需要，一般是边勘探边开发，不易划分出两个阶段。

气田的开发方式有两种，即消耗式开发和保持压力式开发。消耗式开发是利用气田本身的能量(地层压力)的消耗来开发气田，直到地层压力枯竭；保持压力式开发是采用补充外来能量(人工注气、注水)来开发气田。除了经济价值很高的凝析气田用保持压力式开发外，绝大多数气田都是按消耗式开发的。

2. 气井开采

气田的开发方案做好后就要进行气井的开采，气井的开采包括无水气井的开采和气水同产井的开采两种。

无水气井是指在产气过程中只产气或有少量凝析水或少量凝析油，气井生产基本不受水或油干扰，是纯气藏(无边水和底水或边水底水不活跃)的气井。这类气井的开采主要依靠天然气的弹性能作为动力把天然气开采出来，即消耗式开采。

气水同产井是指在生产过程中有地层水产出，而且水对气井的生产有明显干扰的气井。除少数气井投产时就产地层水外，多数气井是在气藏开发的中后期，由于气水界面上升，或采气压差过大而引起水锥后才产地层水。气水同产井的开采比较复杂，除了选择合理的工作制度控制生产外，还要根据气井的产水情况，采用多种方法进行排水采气。常用的采气方法有：控制临界流量采气、利用气体本身能量排水采气、泡沫排水采气、抽油机抽水采气、气举排水采气等。

在每口已经钻成的气井中，都装设有钢质套管，在套管与井壁和套管与套管之间都是用水泥固结，以防止井壁坍塌及地层间油、气、水窜漏。气井内装设了一根油管，其上部挂在采气树上，下部直至井筒内的气层中部，一般是通过油管来采气，这样可以保护套管，也便于排出井内积液和进行修井、增产等作业。

由上文可知，气井的井身结构由井筒、产气层、套管和加固水泥、油管等组成。气井井身结构的复杂程度取决于气田的地质情况、气井的深度及产量、能量和开采中的某些特殊措施。一般油气井的套管分为表层套管、技术套管和油层套管。

在气井的地面上装设有控制采气量的设备，称为井口装置。它主要由套管头、油管头和采气树三部分组成。其作用是：悬挂下入井中的油管柱；密封油管和套管间的环形空间；通过油管或环形空间进行采气、压井、洗井、酸化、加缓蚀剂等作业；控制封闭井内流体；操纵气井的开关和调节气井的压力及产量大小。

3. 气田集气

气田集气从井口开始，经分离、计量、调压、净化和集中等一系列过程，到向干线输气为止，包括井场、集气管网、集气站、天然气处理厂、外输总站等。

气田集气有两种流程：单井集气和多井集气。单井集气的井场除采气树外，还将节流(包括加热)、调压、分离、计量等工艺设施和仪表都布置在井口附近，每口气井有独立完整的一套装置。气体在井场初步处理后，经集气管网汇集于总站进一步调压、处理、计量后外输。多井集气流程，在井场只有采气树，气体经初步减压后送到集气站，一个集气站汇集不超过10口井的气体，在站上分别对各井的气体进行节流(包括加热)、调压、分离、计量和预处理，然后通过集气管网集中于总站，外输至净化厂(处理厂)或干线。多井集气流程主要用于气田大规模开发阶段，它处理的气体质量好，节约劳力，便于实现自动化管理，经济效益高。

无论是单井或多井集气都可以采用树枝状或环状集气管网。环状管网可靠性好，但投资较大。一个气田究竟采用何种集气流程和管网，要根据气田的储量、面积，构造的大小、形状、产层数、产层特性、产气量，井口压力和气体的组成与性质，以及采用的净化工艺，通过综合技术经济比较来确定。

(二) 干线输气

输气干线从矿场附近的输气首站开始，到终点配气站为止。长距离干线输气管管径大，压力高，距离可达数千千米，年输气量高达数百亿立方米，是一个复杂的工程系统。

为了长距离输气，需要不断供给压力能，沿途每隔一定距离设置一座中间压气站(又称压缩机站)，输气首站就是第一个压气站，当地层压力足以将气体送到第二个压气站时，首站可暂时不建压缩机车间，此时的首站就是一个计量调压站。终点配气站本质上也是一个计量调压站，担负着向城市或用户配气管网供气的任务。

干线输气管网是一个复杂的工程，除了线路和压气站两大部分外，还有通信、自动监控、道路、水电供应、线路维修和其他一些辅助设施和建筑。

(三) 城市配气

城市配气的任务是从配气站开始，通过各级配气管网和气体调压所，保质保量地根据用户要求直接向用户供气。配气站是干线的终点，又是城市配气的起点和总枢纽。气体在配气站内经过分离、调压、计量和添味后输入配气管网。城市配气管网有树枝状和环状两种，按压力有高压、次高压、中压和低压四级，上一级压力的管网只有经过调压所调压后才能向下一级管网供气。配气管网的形式和压力等级要根据城市的规模、特点，用户多少，用气量大小，该地区的地形条件等来决定。

储气库一般都设在城市附近，以调节输气与供气之间的平衡。当输气量大于向城市供气量时，气体将储存起来。反之，则从储气库中取出气体以弥补不足。

三大管网、各类场站和储气库组成的整个输气系统也是一个密闭的水动力学系统，一处的流量变化、压力波动，或多或少都会影响到其他地方。由于气体的可压缩性，这方面的影响不会像输油管那样严重，也不会有水击，但一处的故障和灾害性事故，可能造成部分甚至整个系统的集气、输气和配气的中断，给城市带来极为严重的影响。由于气体的密度小、体积大、储存困难，这方面的影响比输油管大得多。

正因为整个输气系统密切相关地联系着，关系到几十亿元、几百亿元的投资，关系到工业、农业，关系到成千上万人的生活，所以它的设计、施工和管理都须十分认真对待，经多方论证而决定。

二、天然气管输系统

(一) 天然气的输送方式

天然气的输送基本为两种方式：管道输送和非管道输送(如液化输送)。

1. 管道输送方式

天然气的管道输送方式，是将油气井采出的天然气通过与油气井相连接的各种管道及相应的设施、设备网络输送到不同地区的不同用户。管道输送方式输送的天然气含量大，给用户供应的天然气稳定，用户多、地域广、距离长、供应连续不断，因此管输天然气事业发展迅速，是目前天然气输送的主要方式。我国天然气管道输送站始建于20世纪50—60年代，目前已建成和投入使用的输气管道已达数万千米。

管道输送天然气的优点：管道是一个密闭、连续的输送系统，所以它不需要常规的运输工具与装卸设备，不需要建筑和占用道路，能量消耗只发生在输送过程中，即克服流体流动中的阻力，它能够达到最大的输送能力和输送速度，能量利用也十分合理。另外，它还具有安全可靠、对环境无污染、便于实现自动化管理等许多优点。

管道输送天然气的缺点：埋设在地下的输气管线经常受到腐蚀破坏，需要采取防腐措施，施工与维修也不方便。

2. 非管道输送方式

天然气的非管道输送方式，是将从油气井采出的天然气在液化厂中进行降温压缩升压，使之液化，然后分装于特别的绝热容器内，用交通工具如油轮、油槽火车、汽车运至城镇等用户。天然气液化输送，首先应将天然气液化，而使天然气液化的低温条件很困难，工艺设备复杂，技术条件严格，投资也大，因此液化输送天然气的方式目前采用得较少。对于高度分散的用量小的用户，偏远山区不便敷设输气管线或敷设管线管理困难又不经济的地区，如高寒山区等，天然气液化输送方式有其特殊的灵活性和适应性。天然气液化后，其体积比气态天然气的体积缩小数百倍，这不仅便于交通工具输送，而且比用管道输送的输送能力大大提升。为此，人们正在研究技术先进、设备优良、经济效益高的天然气液化工艺技术。

非管道输送天然气的优点：液化气体可装在专门的容器里，用车、船等运输工具运输，因而运输方便。如果液化天然气与较大规模的储存设施结合起来，可达到较高的储运效率。

非管道输送天然气的缺点：在陆地上，非管线输送只能作为一种向分散的、流动的或临时性的小型用户供气的方式，且盛装液化气需用专用的耐压容器等。

目前，普遍使用的是管道输送天然气。管道输送天然气是在密闭系统里进行的连续输送，天然气从气井采出直到每一个用户，中途没有停顿、转运，因此，天然气输送中的各个环节是紧密联系、相互配合、相互影响的，在生产过程中应统一调配，使整个天然气管道输送系统正常运转。

管道输送天然气的优越性促进了天然气运输业的发展。目前，管道输送天然气正向着长距离、高输压、大管径、薄壁管、高度自动化遥控以及向高寒地区和海洋延伸等方向发展。

（二）天然气管输系统的基本组成

天然气管输系统是一个联系采气井与用户的由复杂而庞大的管道及设备组成的采、输、供网络。

1. 按管线、设备设施分

天然气管输系统虽然复杂而庞大，但将其系统中的管线、设备及设施进行分析归纳，一般可分为以下几个基本组成部分：集气、配气管线及输气干线；天然气增压站及天然气净化处理厂；集输配气场站；清管及防腐站。天然气管输系统各部分以不同的方式相互连接或联系，组成一个密闭的连续的天然气输送系统。

天然气管输系统的输气管线，按其输气任务的不同，一般分为矿场集气支线、矿场集气干线、输气干线和配气管线等四类。

矿场集气支线，是气井井口装置至集气站的管线，它将各气井采出来的天然气输送到集气站作初步处理，如分离除掉泥砂杂质和游离的水，脱除凝析油，并节流降压和对气、油、水进行计量。

矿场集气干线是集气站到天然气处理厂或增压站或输气干线首站的管线。它将含硫的且具有较高压力的天然气由集气站送往天然气处理厂；或者将含硫的且压力较低的天然气由集气站送往增压站增压后再送往天然气处理厂；或者将气质达到要求的较高压力的天然气直接由集气站送往输气干线首站等。

输气干线是天然气处理厂或输气干线首站到城镇配气或工矿企业一级站的管线。它将经过脱硫处理后符合气质要求的天然气，或不含硫已符合管输气质要求的天然气，由天然气处理厂或首站输往城镇配气站，或工矿企业一级输气站等。

配气管线，是输气干线一级站至城镇配气站以及各用户的管线，它将天然气由一级输气站送至城镇配气站，供城镇天然气公司销售之用，或直接将天然气由一级输气站输往各用户使用。

在天然气的管线输运过程中，由于气流与管壁的摩擦，会造成压力的损耗。例如，在天然气通过直径1400mm钢管以每日$900 \times 10^4 m^3$的流量流动时，压力在10km的管段长度内从7.6MPa损耗至5.3MPa。因此只靠自然的地层压力进行长距离运输大量天然气是不现实的，需要增大管径和工作压力，使管道的输气能力增加。为提高管道的工作压力，必须在天然气管线的沿线每隔一定的距离（200~300km）建立天然气增压站，以提高管输天然气的运行压力。管道生产能力对压力的依赖性如图1-1所示。

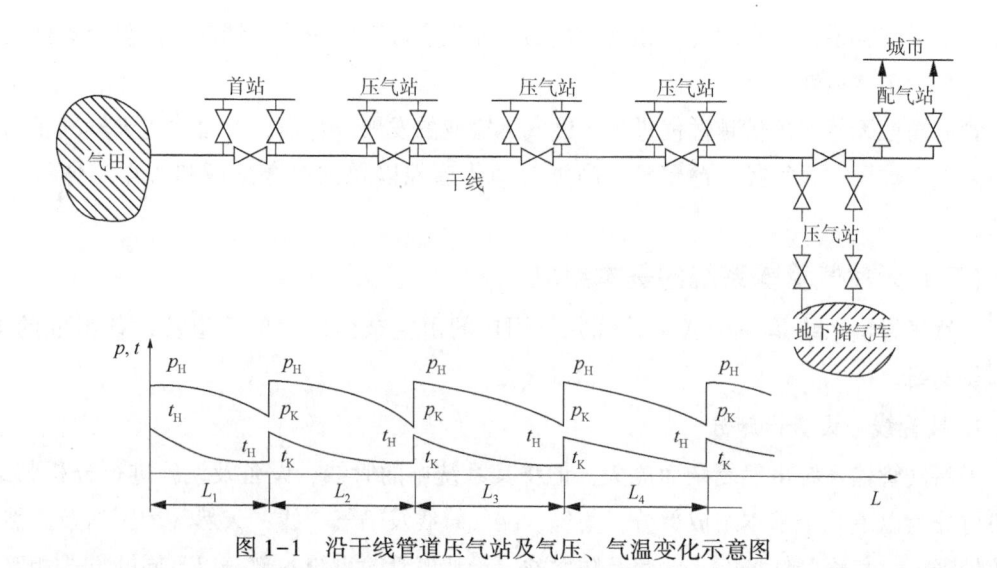

图 1-1　沿干线管道压气站及气压、气温变化示意图

集气站可分为常温分离集气站和低温分离集气站两种。集气站的任务,是将各气井输来的天然气进行节流调压,分离天然气中的液态水和凝析油,并对天然气产量、产水量和凝析油产量进行计量。

天然气处理厂,亦称天然气净化厂,它的任务是将天然气中的含硫成分和气态水脱除,使之达到天然气管输气质要求,减缓天然气中含硫成分及水对管线设备的腐蚀作用,同时从天然气中回收硫黄,供工农业等使用。

输气站与配气站往往结合在一起,它的任务是将上站输来的天然气分离除尘,调压计量后输往下站,同时按用户要求(如用气量、压力等),平稳地为用户供气。输气站还承担控制或切断输气干线的天然气气流,排放干线中的天然气,以备检修输气干线等任务。

清管站有时也与输气站合并在一起,清管站的任务是向下游输气干线内发送清管器,或接受上游输气干线推动清除管内积水污物而进入本站的清管器,从而通过发送接收清管器的清管作业,清除输气管线内的积水污物,提高输气干线的输气能力。

防腐站的任务,是对输气管线进行阴极保护和向输气管内定期注入缓蚀剂,从而防止和延缓埋在地下土壤里的输气管线外壁免遭土壤的电化学腐蚀,及天然气中的少量酸性气体成分和水的结合物对输气管线内壁的腐蚀。

2. 按首、末站分

一条长距离输气管道一般由干线输气管段、首站、压气站(也叫压缩机站)、中间气体接收站、中间气体分输站、清管站、末站和干线截断阀室等部分组成。实际上,一条输气管道的结构和流程取决于这条管道的具体情况,不一定包括以上所有部分。首站、末站、中间气体接收站及中间气体分输站一般都具有气体计量与调压功能,通常将这样的输气站统称为计量调压站(简称 M+R 站)。

输气管道首站的主要功能是对进入管线的天然气进行分离、调压和计量,同时还具有气质检测控制和发送清管球的功能。如果输气管道需要加压输送，则在大多数情况下在首站设有压缩机组，此时首站也是一个压气站。中间进气站的主要功能是收集管道沿线的支线或气源的来气，中间增压站的主要功能是通过增压设备对天然气进行增压及发送和接收清管器，中间分输站的主要功能是向管道沿线的支线或用户供气。一般在中间接收站或分输站均设有天然气调压和计量装置，某些接收站或分输站同时也是压气站。

输气干线内的天然气通过输气站，输送至城镇配气管网，进而输送至用户，也可以通过配气站将天然气直接输往较大用户。由此可见，天然气的管运输送系统，各个环节是紧密联系、相互配合、相互影响的，在天然气管输生产过程中，应统一调度指挥，环环紧扣，各部门按调度指挥行事，做好自己的工作，才能保证整个天然气管输系统的正常安全运行。

天然气管输系统是一个整体，一处发生故障，将影响全局，牵动方方面面。因此输气工应认真履行职责，加强维护，规范操作，严格管理，安全、平稳输供气。

(三) 长输管道的其他设施

一条长距离输气管道除了压气站及工艺设施外，通常需要与长距离输气管道同步建设的另外两个子系统是通信系统与仪表自动化系统，其功能是对管道的运行过程进行通信调度、实时监测、控制和远动操作，从而保证管道安全、可靠、高效、经济地运行。

三、压力管道的分级

(一) 城镇燃气管道

城镇燃气管道按设计压力 $p(\text{MPa})$ 分为如下七级。

(1) 高压燃气管道 A 级：$2.5\text{MPa}<p\leq4.0\text{MPa}$。
(2) 高压燃气管道 B 级：$1.6\text{MPa}<p\leq2.5\text{MPa}$。
(3) 次高压燃气管道 A 级：$0.8\text{MPa}<p\leq1.6\text{MPa}$。
(4) 次高压燃气管道 B 级：$0.4\text{MPa}<p\leq0.8\text{MPa}$。
(5) 中压燃气管道 A 级：$0.2\text{MPa}<p\leq0.4\text{MPa}$。
(6) 中压燃气管道 B 级：$0.01\text{MPa}<p\leq0.2\text{MPa}$。
(7) 低压燃气管道：$p\leq0.01\text{MPa}$。

(二) 长输管道

长输管道按设计压力 $p(\text{MPa})$ 分为如下四级。

(1) 低压管道：公称压力不超过 1.6MPa。
(2) 中压管道：公称压力 1.6~10MPa。
(3) 高压管道：公称压力 10~100MPa。
(4) 超高压管道：公称压力超过 100MPa。

四、长输管道输送能力计算

通过管长 $L(\text{km})$ 的输气管道的气流量 Q 以 m^3/d 为单位，由式（1-1）确定（在压力为 0.1013MPa，20℃的条件下）：

$$Q = 105.1 \times 10^{-6} \times D^{2.5} \sqrt{\frac{p_1^2 - p_2^2}{\lambda \Delta_n T_{avg} Z_{avg} L}} \tag{1-1}$$

式中　D——气管道内径，mm；

　　　p_1，p_2——管道段开始和终了的气体压力，MPa；

　　　λ——水力阻力系数，$\lambda = 0.009$；

　　　Δ_n——天然气在空气中的相对密度；

　　　T_{avg}——气管线长度内天然气的平均温度，K；

　　　Z_{avg}——气管线长度内天然气的平均压缩系数；

　　　L——气管线区段长度，km。

根据此公式可以计算出两压气站间气管道的输送能力。

第二节　天然气压气站工艺设备及流程

一、压气站工艺设备

压气站是干线输气管道的主要工艺设施，其核心功能是给管道中输送的天然气增压。此外，压气站通常还具有清管器收发、越站旁通输送、安全放空、管路紧急截断等功能。如果压气站位于干线输气管道与整个供气系统的其他部分的交界处，例如管线的起点和终点、干线与支线的连接点，则还应该具有计量和调压功能。

一般来说，可以将整个压气站划分为主工艺系统和辅助系统。

主工艺系统是指管道所输天然气流经的部分，主要包括压缩机组、净化除尘设备、调压阀、流量计、天然气冷却器、工艺阀门以及连接这些设施的管线。主要工艺设备及作用如下。

（1）分离器：用来分离天然气中少量的液态水、砂粒、管壁腐蚀产物等杂质，保证天然气的气质要求。

（2）气体过滤器：用来清除分离器未能分离除掉的粒度更小的固体杂质，如管壁被腐蚀的产物和铁屑粉末等。

（3）气体除尘器：与气体过滤器的作用相同，用来分离除去天然气中的粉尘杂质。

（4）清管收发球筒：用来进行清管作业，发送和接受清管器，清除管中污物。

（5）加热设备：用以对天然气进行加热，提高天然气的温度，防止天然气中烃与水形成水合物而堵塞管道设备，影响输气生产，一般在北方大气温度较低的地区装设。

（6）自力式压力调节器：用于自动调节输气站或用户的压力。

（7）阀门：用以切断或控制天然气气流的压力和气量。

（8）安全阀：管线设备超压时自动开启安全阀，排放天然气进行泄压，保证管线设备在允许的压力范围内工作，使生产安全无误。

（9）流量计、温度计、压力表、计量罐：用来测算天然气输入时的各种参数，让操作人员有依据地做好天然气调节和控制工作。

（10）压气站的管线：有计量管、排污管、放空管、汇管、天然气过站旁通管、计量旁通管、旁通管等。天然气过站旁通管在输气站检修时使用，计量旁通管在检修节流装置时使用，汇管用来汇集不同管线的来气和将天然气分配到不同管线、用户，以及实现各种作业。

辅助系统通常包括压缩机组的能源系统、气缸冷却系统、密封油系统、润滑油系统、润滑油冷却系统以及整个压气站的仪表监控系统、通信系统、给排水系统、通风系统、消防系统、事故紧急截断系统、放空系统等。

二、压气站的工艺流程

（一）概述

输气站是通过将一定的设备和管件相互连接而成的输气系统。有压缩机的输气站又称为压气站。为了直观表示气体在站内的具体流向，便于设计、操作和管理，需要将流动过程绘制成图形，即工艺流程图。工艺流程图主要反映站的功能和介质流向，同时还应有流程操作说明以及主要设备规格表。压气站的流程图一般包括：

（1）分离、过滤装置工艺管道仪表流程图。

（2）计量装置工艺管道仪表流程图。

（3）压缩机装置工艺管道仪表流程图。

（4）清管装置工艺管道仪表流程图。

（5）分输计量装置工艺管道仪表流程图。

（6）自用气橇块装置工艺管道仪表流程图。

（7）排污罐及冷却水系统装置工艺管道仪表流程图。

（8）放空火炬系统装置工艺管道仪表流程图。

（9）天然气压缩机系统装置工艺管道仪表流程图。

（10）仪表风系统装置工艺管道仪表流程图。

离心压缩机可以采用并联、串联以及并串联的混合形式。

（二）压缩机并联

如图 1-2 所示为并联形式的离心压缩机的压气站主工艺流程图。在系统中，天然气由

$D_g1200mm$ 干线管道通过 N19 保护球阀进入压气站联通枢纽。N19 主要用于在联通枢纽（接通点）、压气站工艺装置或压缩机组结构中出现某种事故时自动关闭干线气管道。

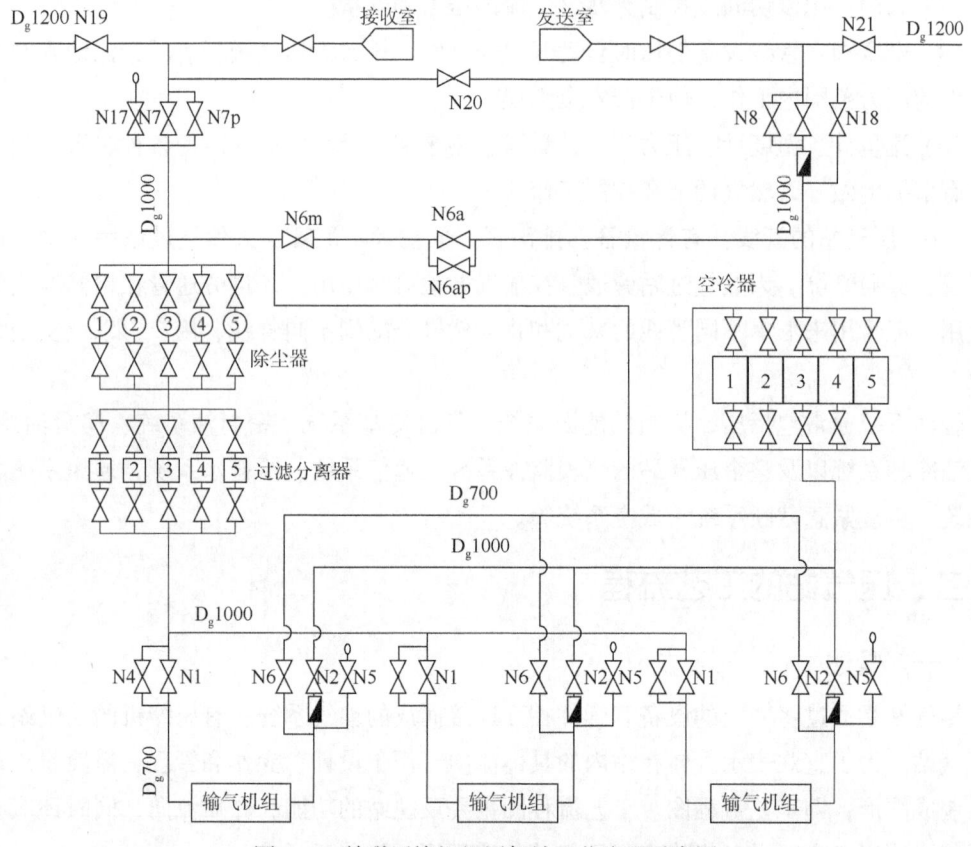

图 1-2 并联压缩机组压气站工艺流程示意图

经过 N19 球阀后，工艺气进入同样安装在联通枢纽上的输入阀（N7 球阀），该阀主要用来自动关闭压气站和干线气管道之间的联系。

在输入阀 N7 球阀的右边有一个旁通阀 N7p，它主要应用于使用离心压缩机的情形，用来向压气站的所有工艺系统注气。只有借助于阀门 N7p 使干线气管道和站上的工艺管道的压力平衡后，才能打开阀门 N7，这样做是为了避免对压缩机的叶轮造成不必要的气动力冲击。如果在打开阀门 N7 时，事先不将压气站的工艺管道灌满气，这种冲击就会发生。

在紧接着阀门 N7 左边的工艺气的入口处设有放空阀 N17。它的用途是当需要对压站上的工艺管道和设施进行预防检修时，将工艺气从这些管道中放入大气。当压气站发生事故时，它也起到类似上述阀门的作用。

在 N7 阀门后，工艺气流向净化装置，此处安置有除尘器和过滤分离器，工艺气在这里被脱除机械杂质和水分。

净化后的工艺气通过管道 $D_g1000mm$ 进入压气车间的进气总管，然后沿压缩机组输入管道 D_g700mm，通过 N1 阀，分别进入离心压缩机（离心增压机）的入口。

经过离心压缩机压缩后,工艺气流过单向阀、输出阀 N2,然后沿管道 D_g1000mm 进入空冷器装置。经过冷却装置处理后,工艺气沿着 D_g1000mm 管道通过排出回路,并通过输出阀 N8 进入干线管道 D_g1200mm。

在 N8 阀的前面安装一个单向阀,以防止工艺气从管道中倒流。此气流如果出现在 N8 阀打开的状态,将会导致离心压缩机及动力透平叶片逆转,最终导致压缩机损坏或出现事故。

置于压气站连通枢纽的 N8 阀,其功能与 N7 阀相似。同样,工艺气可以通过安装在 N8 阀前的 N18 阀放空。

在压气站的输入与输出联通枢纽间有一个跨接管,在跨接管上装有 N20 阀。此跨接管的功能是为了实施越站供气,即干线气沿打开的跨接管直接经过该压气站,此时 N7、和 N8 阀关闭;N17 和 N18 放气阀打开。

在压气站的联通枢纽处安装有干线管道清管装置的接收室和发送室。它们对于清管装置的发送和接收是必不可少的。清管装置沿管道通行,并清除管道的机械杂质、水分和凝结液。清管器靠其前后的压差,随气流运动到下一个压气站。

在压气站后的干线管道上,安装着保护阀 N21,其功能与 N19 保护阀相同。

在压气站运行时,可能会出现出站压力接近最大允许设计压力的情况。为排除压气站这种工作状态,在输出和输入管道之间安装带有 N6a 号阀的跨接管。此阀对于车间及串联的机组的启动和停运是必不可少的。在其打开时,来自出口的那部分工艺气流向入口,这样就降低了相应的输气压力,并增高了输入压力。离心压缩机的压比(压缩比)也降低了。压气站 N6a 阀打开的工作被称为向站内循环过渡的工作。

与 N6a 阀并行嵌入 N6ap 阀,此阀对防止压缩机组在喘振区内工作是必不可少的。此阀的直径约等于 N6a 阀管道截面的 10%~15%。为了保证制造商所给定的 N6a 阀后的压缩机最小压比,安装了一个 N6m 手动阀。

以上所讨论的压气站的工艺流程能够实现几台工作压缩机组的并联工作,在这种压气站流程中都采用压比为 1.45~1.5 的压缩机组。

(三) 压缩机串联

如图 1-3 所示为压缩机组串联形式的压气站工艺流程图。这种流程使得既可以由一台、两台、三台压缩机组串联工作,又可以由两台或三台串联工作压缩机组组成的机组并联工作。为此使用的阀称作"工作模式"阀(N41~N49)。在其状态发生变化时,可以进行任何必要的压缩机组的工作流程。

为了在此流程中得到必需的压比,工艺气在从一个压缩机的出口出来后立即进入另一个压缩机的入口,通过几个压缩机组的共同工作从而达到必要的压比。

工艺气经过压缩后的输出同样要通过输出回路进行。每一个输出回路都装有独立的与除尘器前的输入管道相连的管道,以便能够在 N6 或 N6a 号阀打开时将任何一个压缩机组引入站内循环。

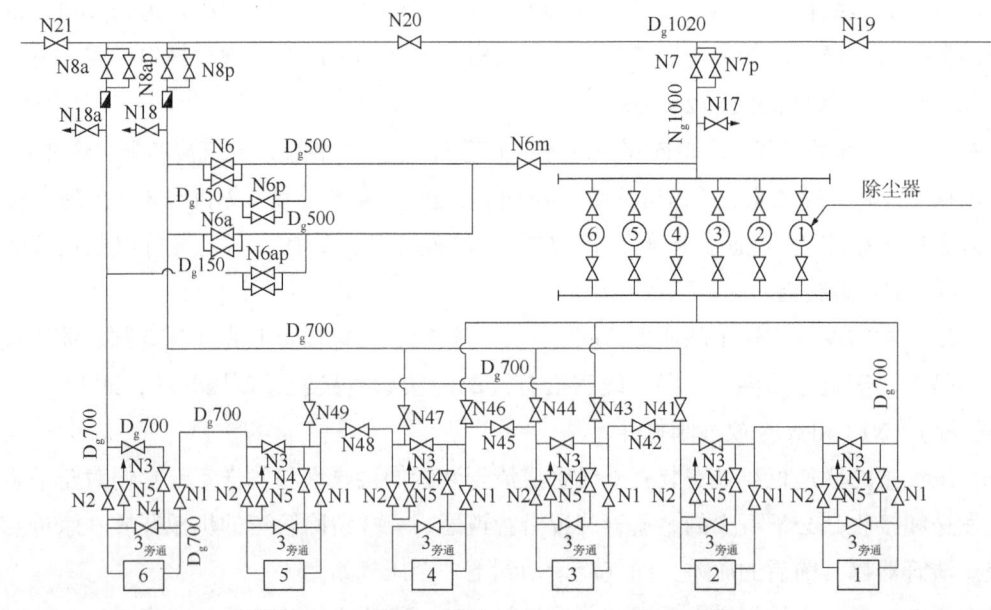

图 1-3　串联压缩机组压气站工艺流程示意图

比较图 1-2 和图 1-3 不难看出：并联形式压缩机组相对于串联形式压缩机组而言，阀门少得多，因此，并联形式的压气站在操作上要简单得多。目前在新设计的压气站中很少采用串联形式，一般都采用并联形式。

（四）压缩机并、串联组合

如图 1-4 所示为离心压缩机并、串联组合的典型流程。在该流程中有 10 台燃驱离心压缩机组，分成四组并联机组，每组 2 台串联工作，另外 2 台作为备用。同时，从图中可以看出，压气站也可以分为两个大组，每大组有 5 台压缩机，4 台工作，1 台备用。

天然气增压时，首先通过阀门 N7 到除尘器，然后依次经过一级增压和二级增压达到所需的压力后，经单向阀 N8 和 N8a 输入干线输气管道。站内流程的改变是通过站内阀门来实现的。从具体作用看，站内阀门可分为机组控制阀门和站控阀门两部分。

机组控制阀门含 N1、N2、N3、N4、N5 和 N3′。阀门 N1 和 N2 用于切断机组和管路间的联系。阀门 N3 为类似于 N1 和 N2 的直通阀，机组不工作时，该阀是打开的。阀 N4 和 N5 为小口径阀门，主要用于机组启停时吹扫，以防止形成爆炸性混合气体。具体操作过程为：当机组启动时，阀门 N1 和 N2 关闭，打开阀门 N4 和 N5 进行吹扫，当吹扫达到要求后关阀门 N5，打开阀门 N3′进行小回路循环加载。然后逐渐开启阀门 N1 和 N2，待压缩机工作达到额定工况后关闭阀门 N3′、N3 和 N4，机组开始进入正常运行。当停机时，打开阀门 N3′，使天然气从机组出口回到入口。

站控阀门包括 N6、N6a、N6p、N6ap、阀门 D 以及阀门 N7、N8、N8a 等。其中阀门 N6、N6a、N6p、N6ap 和阀门 D 安装在入口管线与出口管线之间的跨接管线上，组成了压气站的大环路。阀门 N6 和 N6a 是自动控制阀门，用于防止压缩机出现喘振，当经过压缩

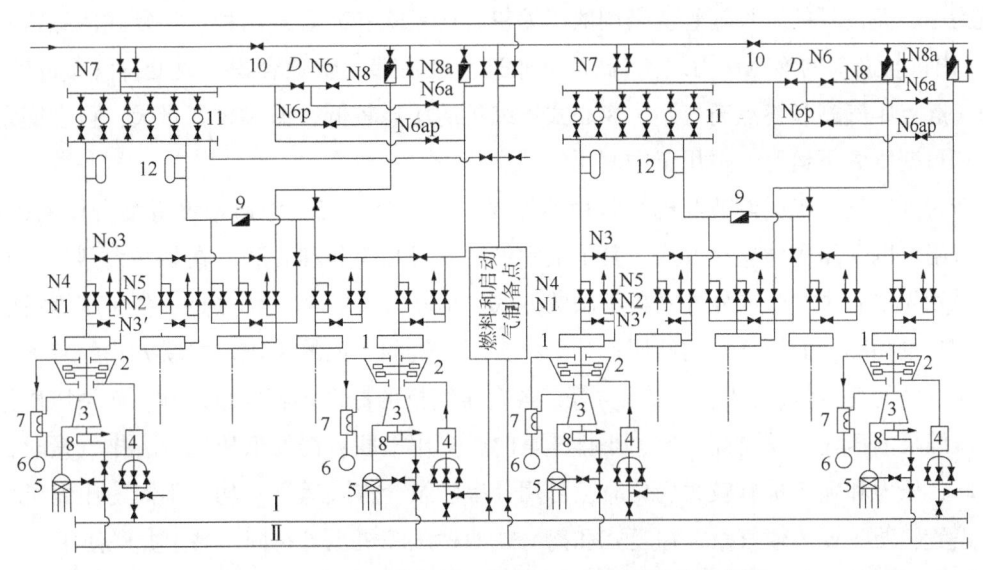

图 1-4 离心压缩机并、串联组合的工艺流程示意图

1—离心压缩机；2—燃气涡轮；3—空气压缩机；4—燃烧室；5—空气滤清器；6—排气管；7—空气预热器；
8—启动涡轮；9—单向阀；10—干线切断阀；11—除尘器；12—脱油器；Ⅰ—燃料气；Ⅱ—启动气

机的流量过小或串联压缩机中一台停运使另一台压比过大而出现喘振时，阀门 N6 和 N6a 就打开，让天然气从出口管线回流至入口管线。阀门 N6p 和 N6ap 的作用类似于阀门 N6 和 N6a，它们由站控室控制。阀门 D 为手动节流阀，用于节流避免回流量过大，损坏压缩机转子。阀门 N8 和 N8a 是单向阀，其作用是当压缩机转入启动环路时，防止天然气从出口端回到入口端。

三、典型压气站的配置

压气站的主要设备包括：接通压气站和干线气管道的枢纽站、干线管道清管装置投放和接收室、由除尘器和过滤分离器组成的工艺清洁装置、工艺气冷却装置、压缩机组、压气站工艺管道汇管、机组工艺管道关闭装置、启动气及燃料气处理装置、脉冲气（传动气）处理装置、各种附属设备、能源设备、主控制室、压气站汇管电化学保护装置。

压气站输送的气量，可以通过接通或者关闭所运行的压缩机组数量，或者改变诸如压缩机组的转速等进行调节。其基本原则就是，尽量使用最少的机组输送所需要的气量，从而保证最少的燃料气消耗，其结果也会增加输运管线的气量。

第三节　天然气压缩机组在压气站的应用

压气站的结构和流程不仅取决于它应该具有哪些功能，还取决于所采用的压缩机组的类型及连接方式。压气站的核心设备是压缩机组，因而压气站的工艺流程基本上是以压缩机组为中心而设计的。长输管道采用的压缩机有往复式和离心式两种。往复式压缩机具有压比(出口与进口的绝对压力之比)高及可通过气缸顶部的余隙容积来改变排气量的特点，适用于起点压气站和终点充气站。离心式压缩机的压比较低，但其排气量大，可在固定排气量和可变压力下运行，适用于中间压气站。

考虑到压气站工况调节及机组备用的需要，在一个压气站中通常设有多台压缩机组。这些机组可以采用多种连接方式，其中最常见的方式是串联和并联，在某些大型压气站中也可采用先串联再并联或先并联再串联的方式。串联方式的基本特点是：各台压缩机的标准体积流量相等，而压气站的站压比等于各台压缩机的压比的乘积。并联方式的基本特点是：压气站的总流量(标准体积流量)等于各台压缩机的标准体积流量之和，而站压比等于每台压缩机的压比。需要高压比、小排气量时，多用串联；需要低压比、大排气量时，多用并联；压力和输气量有较大变化时，可用并串联组合方式运行。功率不同的压缩机可以搭配设置，便于调节输气量。往复式和离心式两种压缩机也可在同一站上并联使用。

压缩机的选择，除满足输气量和压比要求，并有较宽的调节范围外，还要求可靠性高、耐久性好，并便于调速和易于自控等。在满足操作要求和运行可靠的前提下，尽量减少机组台数；功率为1000~5000hp的机组，有3~5台压缩机，并有1台备用，大功率机组一般没有备用机。

压缩机用的原动机有燃气发动机、电动机和燃气轮机等多种。压缩机组能源系统的具体形式取决于所采用的原动机类型。如果原动机为电动机，则能源系统为与公用电网相连的供电系统；如果原动机为燃气轮机或燃气发动机，则能源系统为燃料气和启动气系统。

在设计压缩机组的连接方式时，除了要满足整个压气站的工艺要求外，还应该注意以下几方面的问题：

(1) 由于自身特点的限制，往复式压缩机不能串联运行。

(2) 当离心压缩机串联运行时，整个压气站的喘振流量(按压气站进口处的气体状态计量)大于第一级以后各台压缩机的喘振流量，而其滞止流量有可能小于单台压缩机的滞止流量。因此，串联压缩机组合的稳定工作范围可能小于其中某台压缩机的稳定工作范围。

(3) 为了降低压气站实际消耗的总压气功率，可以考虑在串联压缩机之间设置气体冷却装置。

(4) 在满足压气站工艺要求的前提下，压缩机组的连接方式应尽可能简单。站内管线是实现压气站工艺流程的纽带。在设计站内管线时既要最大限度地满足工艺操作的要求，又要尽可能缩短管线长度，减少阀门数量，并按照合理流速选择管线直径。一般来说，站内管线的气体流速应控制在20m/s以内，整个压气站的总压力损失应控制在0.1MPa以内。站内管道气体流速过高一方面将增大站内压力损失，另一方面将产生较大的气流噪声。

为了保证压缩机组安全、稳定、正常运行，在离心式压气站中需要设置防喘振装置，在往复式压气站中需要设置气流脉冲处理装置。目前采用的防喘振装置有全自动回流调节器、机械式防喘振发讯器等多种形式，但其基本原理都是相同的，即通过感测压缩机进、出口的压差判断其流量是否达到喘振流量限，如果已经达到，则发出信号打开压缩机进、出口之间的回流阀，通过回流调节使压缩机的入口流量增大到喘振流量限之上。往复式压缩机自身的工作特点使得其排出口存在气流脉动现象，这种脉动有可能与压缩机的进出口管线的机械振动产生共振，从而使压缩机组、压缩机的进出口管线以及压缩机组的基座遭受损坏。引起共振的条件与压缩机的转速、气缸数目、缓冲罐容积、管道长度和形状等因素有关。

第二章　天然气压缩机

学习范围	考核内容
知识要点	天然气压缩机组的构成
	天然气离心压缩机的工作原理
	天然气离心压缩机的主要性能参数
	天然气离心压缩机的特点
	燃气轮机类型
	天然气压缩机组的辅助系统

本章介绍各类天然气离心压缩机组的基本构成和工作原理，压缩机和驱动动力机的关系，压缩机辅助系统的构成和作用。

第一节　天然气压缩机组的构成

天然气输气压缩机组包括两部分：驱动动力机(提供压缩机增压所需要的动力)和天然气增压装置。驱动动力机可以是电动机、燃烧天然气的内燃机、燃烧天然气的燃气涡轮发动机(或称为燃气透平)。天然气增压装置是离心压缩机。

压气站所使用的压缩机组分为三类：燃气涡轮机组、电动机组、燃气动力压缩机组。

(1) 燃气涡轮机组，一般为带有燃气涡轮传动装置的离心压缩机组；它是目前压气站常用的类型，其传动装置为燃气涡轮装置。

(2) 电动机组，为带有电动机传动装置的压缩机组，压缩机是离心压缩机，也有往复活塞式压缩机。

(3) 燃气动力压缩机组，一般为内燃活塞式发动机传动装置的机组。内燃活塞式发动机以天然气作为燃料，压缩机主要以往复活塞式压缩机为多，也可以采用离心压缩机。

天然气压缩机组的布置根据压气站的场地、外界环境以及输气压缩机组的类型、设计要求等会有所变化。典型的燃气驱动压缩机组的主要组成包括如下部分：

(1) 空气过滤室：用于处理从大气中进入轴流式压缩机的循环空气。不同形式的输气压缩机组的空气过滤室具有不同结构，但其目的都是净化流入驱动机的空气，并降低空气过滤室区域内噪声。

（2）启动装置：燃气或电动启动装置，可以是涡轮膨胀机或冷气发动机。对于驱动机为热机的情形，由于热机一般都不能依靠自身启动，必须借助其他动力源来带动热机启动，这正是启动装置的主要功能。

（3）轴流式压缩机：将一定量的空气吸入，将其增压，并送入燃气涡轮装置的燃烧室里；同时，提供部分燃气涡轮机组需要的冷却空气。

（4）高压涡轮：或称高压透平。燃烧室出来的高温高压燃气首先在高压涡轮中部分膨胀做功，并将膨胀功传递给处于同一个转轴上的轴流式压缩机，从而保证轴流式压缩机压缩空气所需要的压缩功。

（5）低压涡轮：或称低压透平。高压涡轮出来的燃气继续在低压涡轮中膨胀做功，其膨胀功用于驱动天然气离心压缩机装置。

（6）天然气压缩机：为离心压缩机，没有中间冷却。用于压缩天然气，使压气站出口的天然气压力增加，以保证天然气的长距离输运。

（7）压缩机组单元球阀：是气管线的天然气进入以及排出压气站过程中，用于保证压气站气源（如燃料气、启动气以及气动传动气等）能够正常运行的一系列阀门的总称。

（8）回热器：或称蓄热器、空气加热器。回热器为热交换器，其功能是提高轴流式压缩机出口空气进入燃烧室前的温度，从而降低机组燃料气的消耗。

（9）燃烧室：其功能是将空气与燃料气充分混合，并以燃烧升温的方式，将燃料气的化学能转变为热能（温度升高，内能增加），从而向高压涡轮入口处提供做功能力很强的高温、高压的燃烧产物（简称燃气）。

（10）启动气、气动传动气及燃料气处理区：为装置综合区。一部分从干线管道的来气经过脱水、脱机械杂质处理后，达到压缩机组的运行要求，可以用来作为启动、气动传动以及热机燃烧用气体。

（11）润滑油空气冷却器：其功能是冷却经过涡轮和增压机轴承的润滑油。

除以上之外，每一个输气压缩机组都配有机组重要参数调整系统，机组自动化、消防、室内天然气检测系统等。

第二节　天然气离心压缩机的原理和参数

一、离心压缩机的结构

图 2-1 为 DA120-62 离心压缩机结构。其中产品型号中的 DA 表示单吸入式离心压缩机，120 表示吸入流量约 120m³/min，6 表示 6 级结构，2 表示第二次设计。该机器的主要

设计参数是：流量125m³/min，排气压力6.23×10⁵Pa，转速13900r/min，功率660kW。

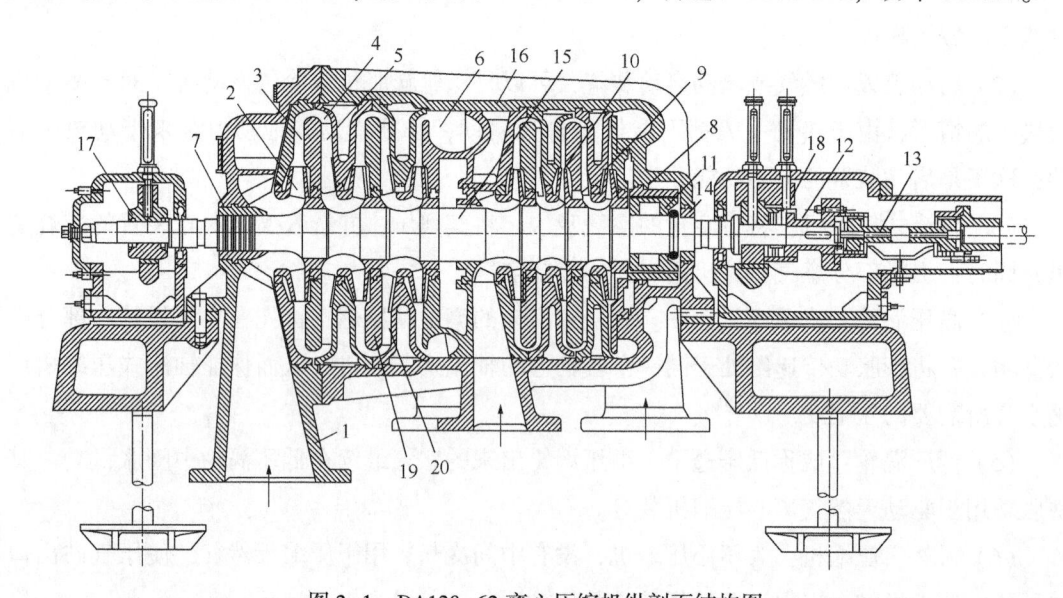

图 2-1 DA120-62 离心压缩机纵剖面结构图

1—吸气室；2—叶轮；3—扩压器；4—弯道；5—回流器；6—蜗室；7，8—轴端密封；
9—隔板密封；10—轮盖密封；11—平衡盘；12—推力盘；13—联轴器；14—卡环；15—主轴；
16—机壳；17—支持轴承；18—止推轴承；19—隔板；20—回流器导向叶片

在离心压缩机工作过程中，气体由1吸气室进入，通过2叶轮对气体做功，使气体的压力、速度和温度提高；然后进入3扩压器使其速度降低、压力提高，再通过4弯道、5回流器的导向作用，使气流进入下一级继续压缩。由于逐级压缩使气体温度升高，造成压缩耗功多。为了降低气体温度，以减少耗功，气体经三级压缩后由6蜗室排出，经中间冷却器降温后再重新引入第四级进行压缩。最终，经六级压缩后的高压气体由出气管输出。

转子是离心压缩机的主要部件，它是由15主轴及套在轴上的2叶轮、11平衡盘、12推力盘、13联轴器和14卡环组成。

静子部件包括：16机壳、3扩压器、4弯道、5回流器和6蜗室，另外还有19隔板、20回流器导向叶片、7和8轴端密封、9隔板密封、10轮盖密封、17支持轴承和18止推轴承。

其中由叶轮、扩压器、弯道和回流器组成一级，它是离心压缩机的基本单元。离心压缩机按中间冷却器分段。中间冷却器前面的三级为第一段，后面的三级为第二段。机壳又称气缸，该气缸为水平剖分式，由上缸和下缸组成。

如果缸内气体压力较高，则缸体可以采用筒形结构，即无水平剖分面。此时如果级数多，则可以采用低压缸（多级）和高压缸（多级）两个压缩机串联工作。缸内不分段，无中间冷却。通常在一个缸内不多于八至九级。

二、离心压缩机的工作原理

离心压缩机用于压缩气体的主要部件是高速旋转的叶轮和通流面积逐渐增加的扩压器。简而言之，离心压缩机的工作原理是通过叶轮对气体做功，在叶轮和扩压器的流道内，利用离心增压作用和降速扩压作用，将机械能转换为气体的压力能。

气体在流过离心压缩机的叶轮时，高速运转的叶轮使气体在离心力的作用下，一方面压力有所提高，另一方面速度也极大地增加，即离心压缩机通过叶轮首先将原动机的机械能转变为气体的静压能和动能。此后，气体在流经扩压器的通道时，流道截面逐渐增大，前面的气体流速降低，后面的气体不断涌流向前，使气体的绝大部分动能又转变为静压能，也就是进一步起到增压的作用。显然，叶轮对气体做功是气体得以升高压力的根本原因，而叶轮在单位时间内对单位质量气体做功的多少是与叶轮外缘的圆周速度密切相关的，圆周速度越大，叶轮对气体所做的功就越大。

三、离心压缩机的主要性能参数

(一) 流量

流量既可以用容积流量也可以用质量流量来表示。容积流量是单位时间内通过压缩机流道的气体的体积，单位常用 m^3/min。通常采用吸入状态下的容积流量表示压缩机的通流能力。石油天然气行业采用的压缩机常用标准状态下的容积流量，称为标准容积流量，单位是 Nm^3/h。我国天然气行业规定的标准状态为压力和温度分别为 1.01325×10^5Pa 和 293.15K 的气体状态，而在化工工艺计算中采用的标准状态则是压力和温度分别为 $1.0132^5\times10^5Pa$ 和 273.15K 的气体状态。

(二) 压力比

在离心压缩机中常用压力比来表示气体的能头增加，压力比(或压缩比，简称压比)为离心压缩机排气压力(绝对压力)与进气压力(绝对压力)的比值。由于气体具有可压缩性，因此其能头不仅与进口状态有关，还与压缩过程有关。

(三) 转速

转速是指离心压缩机转子的旋转速度，单位为 r/min。

(四) 功率

常用离心压缩机所需的轴功率来作为选择驱动机功率的依据，单位为 kW。

(五) 效率

由于气体在压缩过程中存在热力状态变化，不但存在压力的变化，还同时存在比容和温度的变化，使得当压缩机将气体从某一初态压缩到给定的终态时，存在多种可能的压缩过程，即多变压缩过程、绝热压缩过程以及等温压缩过程。因此，在离心压缩机中，存在多变效率、绝热效率以及等温效率。

四、离心压缩机的特点

离心压缩机之所以能得到越来越广泛的应用，主要是由于它具有以下优点：

（1）排量大，如某油田输气离心压缩机的排气量可达 510m³/min。

（2）结构紧凑、尺寸小，机组占地面积及质量都比相同气量的往复活塞式压缩机小得多。

（3）运转可靠，机组连续运转时间在 1 年以上，运转平稳、操作可靠，其运转率高，而且易损件少、维修方便；目前长距离输气、大型石油化工厂用的离心压缩机多为单机运行。

（4）气体不与润滑油接触，在压缩气体过程中，可以做到绝对不带油，有利于防止气体与润滑油接触。

（5）转速较高，适宜用工业汽轮机或燃气轮机直接驱动。

因此，离心压缩机输气量大而连续，运转平稳，适用于输气量较大且气量波动幅度不大，增压（压力差）不是很高的场合，如长输管线气体增压输送。

当然，离心压缩机还存在一些缺点，主要是：

（1）还不适用于气量太小及压力比过高的场合。

（2）离心压缩机的效率仍低于往复活塞式压缩机。

（3）离心压缩机的稳定工况区较窄。

第三节 燃气轮机类型

燃气轮机按照结构形式可以分为重型燃气轮机、轻型燃气轮机和微型燃气轮机；按照用途可以分为电站燃气轮机、舰船燃气轮机和航空燃气轮机；按照其输出功率大小可以分为大中型燃气轮机、小型燃气轮机和微型燃气轮机。

燃气轮机按转子结构可分为单转子和多转子涡轮两种，可能为单轴和多轴。单轴燃气轮机和涡轮机械连接在一起，驱动离心压缩机并向外直接通过齿轮箱输出功率；多轴燃气轮机是以独立工作的两个以上涡轮的一种燃气轮机组合。

第四节 天然气压缩机组的辅助系统

以燃气轮机驱动离心式天然气压缩机为例，天然气压缩机组的辅助系统通常包括：液压启动系统、燃料气系统、润滑油系统、空气冷却系统、涡轮控制系统、燃气发生器的水洗系统、箱体的通风系统、二氧化碳消防系统、空气入口过滤器等。

一、液压启动系统

液压启动系统的作用是以可变的流量和压力,使燃气发生器上安装的液压启动马达运转,并通过齿轮传动装置带动压缩机转动,达到启动目的。

二、燃料气系统

燃料气需要进行处理,才能达到正常运行所需要的压力和温度条件,以及消除或降低气体中的固相及液相物。为了达到上述要求,在箱体的燃料气系统之前安装了一套燃料气辅助系统。

三、润滑油系统

本系统提供经过冷却、过滤后的有合适压力和温度的润滑油,为动力涡轮的前、后轴承和止推轴承提供润滑油,为压缩机的前、后轴承和止推轴承提供润滑油,为压缩机主润滑油泵传动齿轮箱提供润滑油,也用于润滑和冷却燃气发生器转子轴承以及附属齿轮箱。

四、冷却及空气密封系统

本系统向燃气轮机内部提供冷却空气以冷却动力盘。

五、涡轮控制系统

燃气轮机上安装有多个控制装置,使用这些装置对机组实现正确的控制;一部分用于控制,其他部分用于保护使用者及燃气轮机本身。

六、燃气发生器的水洗系统

机组安装有离线/在线水清洗系统,用于燃气发生器的压缩机清洗,清洗时供水软管需要操作员手动接到清洗水箱上。

七、箱体的通风系统

箱体通风系统用于箱体的通风与冷却,在箱体的入口安装有两个风扇,一用一备,可以通过手动按钮来进行选择。

八、二氧化碳消防系统

二氧化碳消防系统用于保护箱体内安装的各种附件的燃气发生器和动力涡轮后舱中的设备。

九、空气入口过滤器

过滤器用于过滤进入燃气发生器和箱体的空气。

第三章 燃气轮机驱动压缩机组

学习范围	考核内容
知识要点	燃驱压缩机组的构成
	燃气轮机的构成与工作原理
	燃气发生器的构成与工作原理
	轴流式压缩机(压气机)结构和工作原理
	燃烧室的结构及工作原理
	动力涡轮的结构及做功原理
	动力涡轮中的燃气参数变化和能量转换
	涡轮落压比
	常见燃驱压缩机组参数

本章介绍燃气轮机驱动压缩机组(简称燃驱压缩机组)的基本构成和工作原理,燃气轮机与压缩机、压气机、透平、动力涡轮之间的关系,各类燃驱压缩机结构特点,压缩机辅助系统的构成和工作原理;以期读者掌握压气机、动力涡轮、压缩机的主要结构参数,提高对压缩机组部件的组态认知度,动态/静态下各类机组的区别和工艺要求。

第一节 燃驱压缩机组的构成

美国通用电气—新比隆公司(GE/NP 公司)生产的 PGT25+SAC/PCL803 燃驱压缩机组如图 3-1 所示,为燃驱压缩机组的基本结构示意图。PGT 25+SAC+HSPT[1] 燃气轮机是由 GE/NP 公司生产的带有 17 级高压压气机的双轴燃气轮机,燃气轮机安装有单一的环形燃烧室和二级高速动力涡轮。

高速动力涡轮通过一根联轴器和燃气轮机的动力涡轮输出端法兰连接在一起。动力涡轮在燃气发生器排放气体的驱动下转动,同时带动离心压缩机旋转,离心压缩机将天然气

---
[1] HSPT 为高速动力涡轮。

增压，以对天然气进行长距离输送。

图 3-1　PGT25+SAC/PCL803 燃驱压缩机组基本结构示意图

燃气轮机安装在箱体内，箱体是带有消音装置的钢结构。箱体内除了燃气轮机外，还安装有消防灭火系统，以防机组在运行时发生火灾。箱体内也带有通风系统和箱体内照明系统。

该机组属于低功率范围，在标准状态下动力涡轮转速在 6100r/min 时的功率为 31364kW，约等于 42000hp。

第二节　燃气轮机的构成与工作原理

一、燃气轮机的构成

燃气轮机由燃气发生器和动力涡轮组成。燃气发生器由一个轴流式压缩机(或称压气机)、燃烧室和两级高压涡轮组成。燃气轮机结构如图 3-2 所示。

以 GE 公司的 LM2500+SAC 燃气发生器为例，运行时空气从压气机进口进入，流进进气管和整个压气机，在其中空气被压缩到接近 2.31MPa。压气机前 7 级进气导叶的角度可以按燃气发生器的转速和进气温度改变(可调导叶)，导叶位置的改变使压气机能在一个较宽的转速范围内有效运行。

图 3-2　燃气轮机结构示意图

二、燃气轮机的工作原理

燃气轮机是将燃料蕴藏的化学能,通过燃烧的方式转变为热能,然后部分转变为机械功(有用功)驱动旋转式动力机械,图3-3为燃气轮机工作示意图。

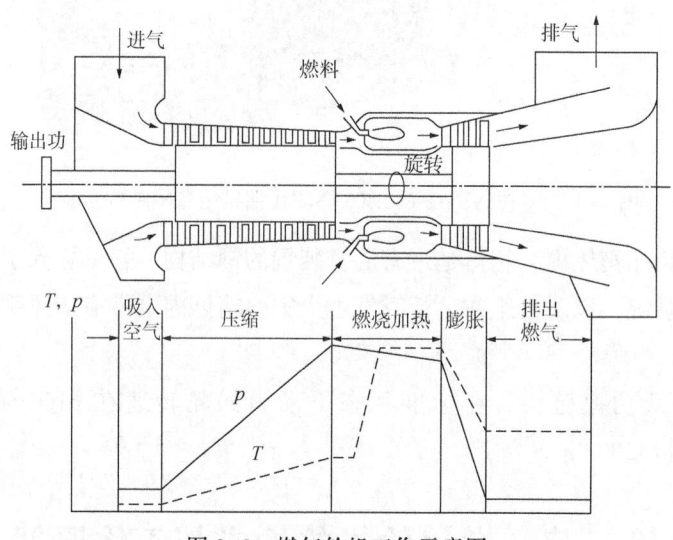

图 3-3 燃气轮机工作示意图

燃气轮机以气体(通常为空气)为工质,工质首先被吸入压气机内部进行压缩增压,增压后的空气离开压气机进入在压气机后支座中的燃烧室,并与被 30 个燃料喷嘴喷入的燃料混合,通过头部的旋流器,油气混合物被点火器点燃,并保持火焰连续燃烧。燃料燃烧使一部分空气的温度升高,其余的空气进入燃烧段以冷却燃烧段。离开燃烧室的炽热气流经两级高压涡轮,燃气中的能量被抽取出来用于带动轴流式压缩机,涡轮动叶和导叶的冷却空气和流经涡轮的主气流混合。燃气离开高压涡轮后流经涡轮中间支座,涡轮中间支座的冷却空气和前面两级涡轮的主流在涡轮处相混合,燃气完成了在燃气发生器中的流动。燃气离开燃气发生器后,热燃气驱动动力涡轮(自由涡轮),动力涡轮为被驱动设备天然气压缩机提供动力。

从燃气发生器某一级(如第 9 级)抽出的空气,经过中空的静叶,用于动力涡轮密封和动力涡轮的冷却。在动力涡轮中做过功的燃气用集气壳(排气管)收集经管道排入大气。为了提高装置的热效率,在排放管道中可配置余热回收蒸汽发生器(简称余热锅炉)。

第三节 燃气发生器的构成与工作原理

一、燃气发生器的构成

燃气发生器主要机件由进气道、压气机、燃烧室、涡轮装置组成。图 3-4 为 GE 公司生产的 LM2500+SAC 燃气发生器全剖图。

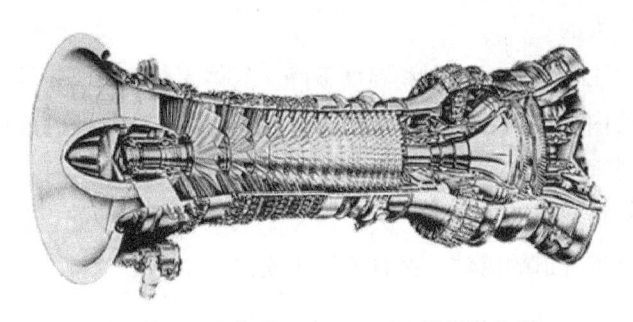

图 3-4　GE 公司 LM2500+SAC 燃气发生器

进气道本不属于燃气发生器，但由于进气道与发动机的工作有密切关系，是保证燃气发生器工作不可缺少的一部分，所以也把进气道作为燃气发生器的一个主要部件。

二、燃气发生器的工作原理

燃气发生器工作时，空气由进气道进入压气机，压气机叶轮高速旋转（压气机刚启动时由启动系统的液压或空气启动机带动），对空气做功、压缩空气，使空气比容减小、压力增大、空气经压缩后进入燃烧室，与工作喷嘴（工作喷嘴属于燃料系统，它装在燃烧室头部）喷出的燃料混合，组成新鲜混合气。新鲜混合气连续不断地燃烧，放出热能，气体的温度大大提升。具有一定压力的高温燃气进入涡轮装置，膨胀做功，推动涡轮高速旋转。涡轮带动压气机继续工作，不断地压缩空气。燃气通过涡轮装置后，进入动力涡轮继续膨胀，使动力涡轮飞速旋转。

燃气发生器工作时，外界空气连续不断地从进气道进入，燃气连续不断地从涡轮装置排出，并连续不断地推动动力涡轮旋转，动力涡轮通过轴输出扭矩，通过联轴器带动天然气压气机或发电机。

三、进气道的结构和原理

燃气发生器在工作时，外界空气首先进入进气道，进气道的作用是把外界空气以较小的流动损失，顺利地导入压气机。RB211-24G 和 LM2500+SAC 燃气发生器进气道都是采用收敛型进气道，就是进气道的入口截面大于出口截面，气体流经进气道呈收敛状态。

进气道采用双纽线或对数螺线的线段构成，将双纽线段中心轴线回转一周构成一喇叭形元件。它与中心体组合成一个收敛型通道，此通道的横截面依次减小，气流在其中不断加速，同时有进口收敛快、出口收敛慢的特点，因此起始段速度梯度大，后段速度梯度小。这样使气流在其出口达到均匀、稳定的流动，从而使进入压气机的气流沿高度及圆周均能均匀分布，从而为压气机的稳定工作创造必要的条件。进气喇叭管的前端是一个半圆形的外翻边，其后侧法兰用来与进气舱的隔壁板相连接。喇叭管与舱壁相连是通过一个补偿的软接头，用橡胶板或软铝板等材料连接。所有连接螺钉、螺母均应有锁紧铁纤丝将其锁住，防止松动落入进气舱。当松动件吸入压气机时会造成机毁人亡的重大事故，因为吸入口的抽吸力是相当大的。

气体在进气道内流速增大，压力和温度下降。气体流经进气道时会产生流动损失。流动损失表现为进气道内的摩擦损失和气流分离损失，流动损失将造成压气机进口压力降低。例如进气道光滑程度变差、流动损失增大，导致燃气发生器的有效效率和有效功减小，即经济性变差和功率降低。可见，为了保持燃气发生器的性能，就必须做好进气道的维护工作，经常保持进气道的清洁，并且不受损伤。

四、轴流式压缩机（压气机）的结构和原理

燃气轮机的轴流式压缩机一般也称压气机，是燃气轮机的一个重要组成部件，作用是连续不断地向燃烧室提供高压空气。

（一）压气机的工作过程

压气机利用装在转子上的叶片所做的高速旋转运动，首先使气体的流速加快，然后让这股高速气流流过一个截面积不断增大的扩压流道，使气流的速度逐渐降下来。在这个减速扩压的过程中，前面已经减速下来的气体分子就会被后面流来的、速度较高的分子逐渐赶上，因此达到使气体分子彼此靠近而增压的目的。

压气机的作用是提高空气的压力，为膨胀做功创造条件。也就是说，使燃料燃烧后放出的热量能更多地被利用，用以增大燃气发生器的功率，改善燃气发生器的经济性。

RB211-24G 和 LM2500+SAC 型的压气机都是轴流式压缩机。燃气发生器工作时，外界空气自压气机前方进入，再沿着发生器的轴向向后流动，最后从压气机出口进入燃烧室。

（二）压气机的结构

压气机由两个基本部分组成：一是由涡轮带动高速旋转的工作叶轮，通常称为转子；另一是固定不动的整流环，通常称为静子或导向叶片。

RB211-24G 燃气发生器的压气机由 7 级中压压气机和 6 级高压压气机组成。LM2500+SAC 燃气发生器有 17 级高压压气机叶片。每级均有叶轮和整流环，如图 3-5 所示。

工作叶轮和整流环是交错放置的，工作叶轮的一排叶片与其后面邻近的整流环叶片构成一级，工作叶轮叶片间和整流环叶片间的通道皆为扩散形。RB211-24G 和 LM2500+SAC 两种燃气发生器在第一级前面还装有可调整角度的导流环。图 3-6 为压气机叶片的排列展开图。

（三）空气在压气机内的流动

从进气道流入压气机的空气，首先流过导流环，然后依次流过各级的工作叶轮叶片和整流环叶片；从末级整流环叶片流出的空气即流向燃烧室。图 3-7 为空气在压气机内的流动情况。

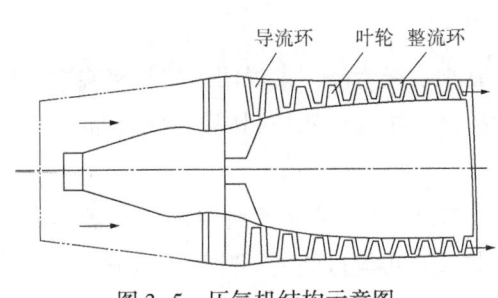

图 3-5 压气机结构示意图

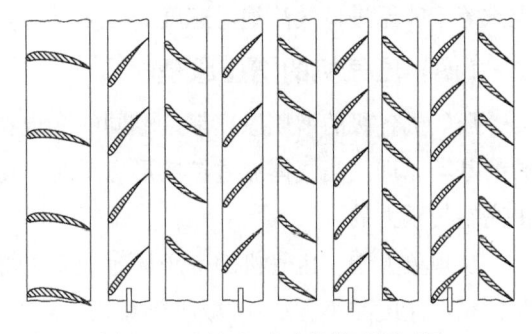

图 3-6 压气机叶片的排列展开图

1. 空气在导流环内的流动情况

导流环叶片前缘的方向与叶轮转轴平行，其后缘向叶轮旋转的方向弯曲。叶片间的通道截面略呈收敛型。来自进气道的空气以轴向速度 c_1 轴向流入导流环。在导流环内，气流速度稍稍增大。在导流环出口处，气流方向顺着导流环叶片弯曲的方向偏转，速度变为 $c_①$。

空气从绝对速度 $c_①$ 流出导流环以后，由于叶轮以圆周速度 u 不停地转动着，所以相对于叶轮来说，空气是以相对速度 $w_①$ 进入叶轮的，由 $c_①$、u、$w_①$ 组成的速度三角形，称

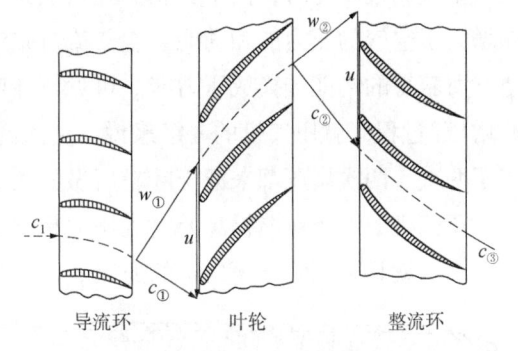

图 3-7 空气在压气机内的流动

为叶轮进口的速度三角形。从该速度三角形可以看出，在圆周速度 u(或者称叶轮转速)不变的情况下，气流速度 $c_①$ 朝导流环叶片弯曲方向偏转，可以使相对速度 $w_①$ 减小。这样，就能够防止相对速度在叶轮进口处超音速，从而避免产生波阻损失，这就是在压气机第一级的前面安装导流环的原因。

2. 空气在工作叶轮和整流环部分的流动情况

空气在压气机各级的流动情况是相似的，下面以一级为例来说明空气在工作叶轮和整流环部分的流动情况。

空气以相对速度 $w_①$ 进入叶轮后，流动方向逐渐改变，最后以相对速度 $w_②$ 流出叶轮。由于叶轮叶片间的通道扩散且弯曲，所以相对速度 $w_①$ 小于相对速度 $w_②$，而且 $w_②$ 的倾斜程度也比 $w_①$ 要小一些。可见，叶轮出口气流绝对速度 $c_②$ 大于叶轮进口气流的绝对速度 $c_①$，而且 $c_②$ 的方向也比 $c_①$ 倾斜得厉害一些。由 $w_②$、u 和 $c_②$ 组成的速度三角形称为叶轮出口速度三角形。

空气流出叶轮后，以绝对速度 $c_②$ 流向整流环，然后顺着弯曲的通道向后流动。由于整流环叶片间气流通道呈扩散形，所以整流环叶片的出口气流的绝对速度 $c_③$ 小于 $c_②$，而

大致等于叶轮进口气流绝对速度 $c_①$，$c_③$ 与 $c_①$ 的方向也大致相同。

（四）压气机的增压原理

压气机各级的增压原理都是相同的，现在以其中一级为例，来说明压气机提高空气压力的基本原理。当气体流过扩散形通道时，压力提高，压气机就是利用扩散增压的原理来提高空气压力的。

从现象上看，压气机的增压原理是简单的，空气流过叶轮叶片所组成的扩散形通道时，相对速度减小，从 $w_①$ 减小到 $w_②$，压力得到提高，再流过整流环叶片所组成的扩散形通道时，绝对速度减少，从 $c_②$ 减到 $c_③$，压力再一次提高。这就是空气压力增大的原因。但是为什么压气机必须旋转才能增压？旋转压气机叶轮的目的，在于给空气做功。而空气压力的提高，从实质上来讲，正是叶轮做功的结果。

空气流过叶轮时，由于叶轮高速旋转对空气做功，不但压力增大了，速度也提高了，即增大了空气的压力能和动能。空气流过整流环时，速度降低，压力提高，即把在叶轮内空气所获得的动能转换成压力能。可见，在叶轮内是"增速增压"过程，在整流环内是"减速增压"过程。就压气机的一级来说，流入的速度 $c_①$ 与流出的速度 $c_③$ 大致相等，而压力提高了两次。两次增压都来源于叶轮所做的功。这就是压气机一级的增压原理。

压气机的一级所能提高的空气压力是有限的，只有经过若干级以后，才能达到所需的压力。这就是采用多级压气机的原因。

压气机工作时，叶轮中的空气在叶片作用下，不断向后流动，这样压气机进口处的空气就变得稀薄，压力降低，形成一个低压区，于是外界空气便经进气道源源不断地流入压气机。

图 3-8 为多级压气机内气流参数的变化图。可见，空气流过每一级的叶轮叶片时，绝对速度都是增大的，流过整流环叶片时，绝对速度都是减小的。从整个压气机来看，其进口绝对速度 c_1 和出口绝对速度 c_2 大致相等。压气机进口压力为 p_1，而后逐级提高压力，压气机出口压力提高到 p_2，p_2/p_1 即为压气机的增压比。空气的温度也逐级提高。

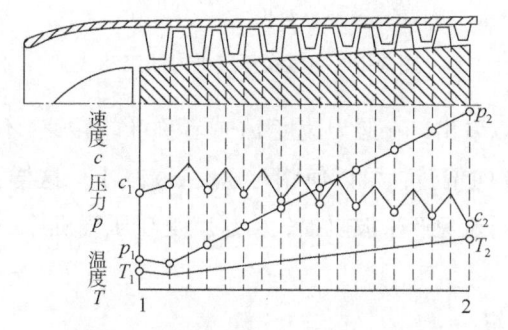

图 3-8 多级压气机内气流参数的变化

（五）压气机的功和功率

1. 压气机的功

压气机是通过对空气做功来提高空气压力的，把压气机对每千克气体所做的功，称为压气机的功。显然，压气机的功越大，压气机对每千克空气所做的功越多，空气压力提高也就越多，压气机的增压比也就越大。

压气机的功大小与压气机转速有密切关系。转速增大时，叶轮对空气的作用力增大，同时带动空气所走的距离也增长，所以压气机做功增大。理论和实践证明，多级压气机的功大致与转速的立方成正比。

2. 压气机的功率

压气机的功只能表示压气机对每千克气体所做的功，不能说明压气机做功快慢。压气机做功的快慢程度，可用压气机的功率来表示。在单位时间内，压气机对进入叶轮的全部空气所做的功，称为压气机的功率。

每秒进入压气机的空气量为空气流量，压气机每秒钟对所进入的空气所做的功为压气机的功率，功率应当等于空气流量和压气机的功的乘积。

五、燃烧室的结构和原理

燃烧室是燃料和空气混合并进行燃烧的地方。燃烧是为了将燃料的化学能转换为气体的热能，以便气体在膨胀过程中，不但具有推动涡轮旋转做功的能力，而且能获得很大的喷气速度，使动力涡轮旋转。燃烧室的工作好坏，还直接影响着燃气发生器的工作安全。

（一）燃烧相关理论

燃烧室工作时，会遇到有关燃烧的一些矛盾，其中突出的有两个：一个是高速气流中容易熄火与要求稳定燃烧的矛盾；另一个是高温与材料强度的矛盾。学习燃烧室工作原理，为正确使用和维护燃气发生器打下理论基础。

1. 燃烧的定义

燃烧是物质和氧气相互作用（氧化）所引起的一种剧烈的发光发热的化学反应。在燃烧中，如果燃料全部被氧化，这种燃烧称为完全燃烧；否则，称为不完全燃烧。

2. 混合气的余气系数

目前常用的燃气发生器所使用的燃料均为单燃料——天然气，天然气与空气混合接触才能燃烧。气态燃料与空气所组成的气体称为燃烧混合气，简称混合气。

天然气燃烧得是否完全，燃烧过程进行得快与慢，以及燃烧后气体温度的高低，都与混合气中的空气和天然气的比例（混合气成分）有密切的关系，混合气成分可以用余气系数来表示。1kg燃料完全燃烧所需的最小空气量，称为理论空气量；实际上1kg燃料混合的空气量称为实际空气量。实际空气量与理论空气量的比值，就称为混合气的余气系数，余气系数=实际空气量/理论空气量。

如果余气系数大于1，说明实际空气量大于理论空气量，混合气燃烧时，燃料可以完全燃烧，且氧气有剩余。这种混合气称为贫气混合气。余气系数比1大得越多，混合气的贫气程度就越大。

如果余气系数小于1，说明实际空气量小于理论空气量，混合气燃烧时，燃料不能完全燃烧。这种混合气称为富气混合气。余气系数比1小得越多，混合气的富气程度就越大。

如果余气系数等于1，说明实际空气量恰好等于理论空气量，混合气燃烧时，燃料可以完全燃烧，而且也不剩氧气。这种混合气称为理论混合气。

3. 混合气的燃烧

要使混合气燃烧，必须使它达到一定温度，这是混合气燃烧不可缺失的条件。混合气开始着火燃烧所需要的最低温度，称为着火温度。

燃气发生器启动时，燃烧室中的混合气是利用电嘴产生火花来提高温度，使之达到着火温度而燃烧起来的。启动后混合气点燃，则利用已燃气体来提高尚未燃烧的混合气温度，使之达到着火温度而连续不断地燃烧。

混合气燃烧后的温度与余气系数有密切关系。试验证明：混合气的余气系数接近于1时，燃烧后的温度最高，余气系数大于或小于这个数值，燃烧后的温度都要降低。余气系数比这个数值大得越多或小得越多，燃烧后的温度越低。

4. 火焰传播速度

新鲜混合气有一处点燃后，在已燃气体与新鲜混合气之间，就会出现一层未燃部分推进的正在起剧烈氧化反应而且发热、发光的薄气层，这个薄气层称为火焰前锋。通常说的火焰传播速度，就是指火焰前锋在新鲜混合气中推进的速度。火焰传播速度的大小，对混合气的稳定燃烧有很大的影响。影响火焰传播速度的因素有：

（1）混合气的余气系数。

在余气系数接近1时，火焰传播速度最大，余气系数大于或小于这个数值，火焰传播速度都会减小。余气系数接近1时，已燃混合气的温度最高，它能使尚未燃烧的新鲜混合气最迅速地达到着火温度而燃烧。可见，要想使燃料完全燃烧而且燃烧的时间短，应当组成余气系数接近于1的混合气。余气系数过大或过小，超过某一数值时，火焰就不能传播以致熄火。

（2）气流的扰动情况。

气流的扰动，一方面可以加速燃料与空气的混合，使之很快地形成良好的混合气。另一方面又可以把已燃混合气中的火焰带到新鲜混合气中，使新鲜混合气迅速达到着火温度而燃烧起来。因而气流的扰动可以增大火焰传播速度，扰动越剧烈，火焰传播速度越大。

（3）燃料的雾化质量。

对于使用液体燃料的燃气发生器而言，为了使燃料迅速汽化，必须首先把液体燃料碎裂成无数微小的油珠，以增大燃料与空气的接触面积，使燃料从空气中吸收较多的热量。燃料碎裂成微小的油珠的过程，称为雾化。

燃料雾化得越好，油珠越小，与空气接触面积越大，燃料汽化得越快，与空气混合组成混合气所需的时间就越短。因此，燃料雾化得越好，火焰传播速度越大。

燃气发生器若采用天然气作为燃料，在进入燃烧室前均经过严格的处理，使之符合温度、压力及清洁度的要求。天然气以分子形式进入燃烧室与空气混合燃烧，所以基本不存在燃料雾化问题。

（4）混合气的初温与初压。

混合气燃烧前的温度和压力，分别称为混合气的初温与初压。混合气的初温越高，达到着火温度所需的时间越短，所以火焰传播速度越大。混合气的初压，对火焰的传播速度也有一定的影响，试验证明，在紊流混合气中，火焰传播速度随初压的增大而增大。

（二）燃烧室的结构

燃烧室可分为：筒形燃烧室、筒环形燃烧室以及单一环形燃烧室。环形燃烧室是在筒形燃烧室的基础上发展起来的，基本的工作原理是相同的，本书着重介绍筒形燃烧室。

筒形燃烧室由扩散段、外壳和火焰筒组成。燃气发生器工作时，被压气机压缩后的空气以很高的速度进入燃烧室，它一边向后流动，一边与喷嘴喷出的燃料混合，组成混合气。

新鲜混合气在启动时，靠电嘴产生的火花作为点火源来点燃；启动后，则靠已燃混合气的火焰作为点火源，来逆着气流向前点燃。

混合气在燃烧室内燃烧时，喷嘴喷出的燃料与流入燃烧室的空气不断地混合组成新的混合气，以供连续不断燃烧，这样就形成了燃料与空气边混合边燃烧的连续不断的燃烧过程。

混合气燃烧后，燃烧中心的燃气温度高达2000℃以上，炽热的燃气流入涡轮装置及动力涡轮装置，膨胀做功（转动涡轮和增大本身的动能）。

1. 外壳

外壳是碳钢板焊件同一些铸件制成的圆筒。外壳的支撑与连接常常用波纹管、导销、套管或弹簧支座等来保证膨胀补偿。有时在外壳内还衬有一层隔屏，以降低外壳的温度并增加燃烧区的温度。

2. 焰管（火焰管，火焰筒）

焰管是用1.5~3mm厚的耐热合金板料碾、焊拼成的几段圆筒。通常，各段圆筒用三点径向销定位，支架在外壳中能维持同心膨胀。焰管壁上有许多气孔或气缝。焰管之前有空气扩压段。焰管把进气空气分配成几股，以保证适当的燃烧混合比。第一股空气自焰管前端进入，这时流速已降低至40~60m/s以下，再经过旋流器到燃烧区作为燃烧空气。第二股空气流过焰管和外壳之间的环形空间，穿过射流孔或气缝进入燃烧区后部一定深度，掺冷燃气至所需的温度。焰管本身依靠第二股空气得到保护和冷却。火焰温度虽高达1500~2000℃，而焰管壁应保持在500~900℃，否则很易烧坏或变形。开孔式、鱼鳞孔式、望远镜式或百叶式（许多圆锥环筒间隔组成）焰管利用空气膜冷却并遮护，效果很好。

望远镜式焰管各筒段间常用波纹段或钻孔段搭接。双层多孔壁式焰管也有采用。焰管用背面带散热肋片的小块挂片拼成，以便于更换局部的损坏部分；或用小块耐火砖类砌成，以增加辐射利于燃用重油。

3. 喷燃嘴(燃料喷嘴)

由燃料系统供应的燃料通过喷燃嘴按所需要的流量、匀细度及方向喷出,以便同第一股空气混合燃烧。应根据燃料及要求的不同,分别采用不同的喷油嘴、气体喷嘴或煤粉喷嘴。大都顺流喷燃料,也可以逆着气流喷燃料,以增加接触。每个燃烧室中可有一个或多个喷燃嘴。

4. 点火设备

启动时应用电火花塞、炽体或小喷油嘴火炬点火。几个燃烧室并联时,只需其中一两个有点火设备,其余的可用贯通燃烧区的传焰管(联焰管)传递火焰着火。点火设备要位于气流速度较低、油气浓度较合适处,并要能提供足够的能量才能点着。

5. 火焰稳定器

火焰稳定器位于燃烧区的前端,大都为环状,围绕喷燃嘴安装,用来降低燃烧区局部的流速至小于 15~25m/s 和形成回流,使空气与燃料增加接触并使火焰稳定。火焰稳定器的形式主要有旋流片式和碗式两类,可单个使用,也可以多个并列或同心组合应用,以改善燃烧过程。叶片式旋流器使空气沿焰管内壁做螺旋运动,"燃烧碗"则起挡风板作用,造成下游的空气涡流或花圈形的回流区。再加上焰管壁上的气孔或气缝配合,组成焰管内的气流组织,使火焰稳定在焰管燃烧区内。有的旋流器能把一部分空气射入雾化油锥内,可以减少积炭。

6. 观察孔

燃烧室上可带有若干个观察孔,人眼或光电管可透过观察孔监视火焰状况。停机后也可用光纤孔探仪伸入内部检查部件。

第四节 动 力 涡 轮

燃气发生器动力涡轮的作用是将燃气的一部分热能和压力能转换为旋转机械能,带动压气机和一些附件工作。本节主要讨论燃气发生器工作时,涡轮在高温燃气的作用下怎样旋转做功,燃气在涡轮中怎样膨胀做功,从而影响涡轮发出功和功率的因素。

一、动力涡轮的结构

涡轮装置主要由导向器和工作叶轮组成,结构如图 3-9 所示。

目前常用的燃气发生器均采用两级涡轮(导向器和工作叶轮各有两个),一个导向器和一个工作叶轮组成一级。导向器安装在工作叶轮前面,固定不动。导向器和工作叶轮上装有很多叶片,叶片之间的通道都呈收敛型,如图 3-10 所示,为导向器和工作叶轮叶片之间的通道。燃气发生器采用双级涡轮的原因是压气机需要的功率很大。

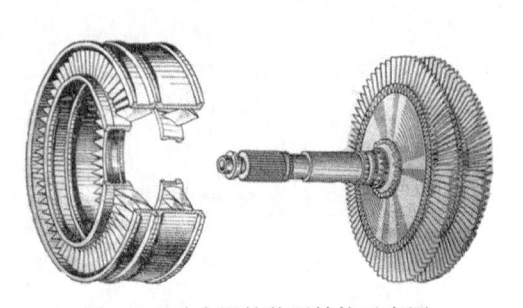

图 3-9　动力涡轮装置结构示意图 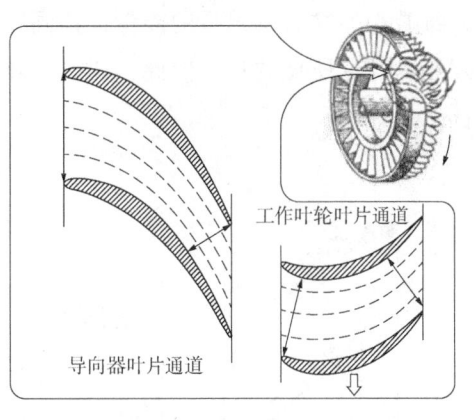　　　图 3-10　导向器和工作叶轮叶片之间的通道

二、动力涡轮的做功原理

第二级涡轮工作原理和第一级相同，本部分介绍第一级来说明。从燃烧室流出的燃气，轴向流进导向器的收敛型通道，速度大大增加，同时由于导向器叶片弯曲，燃气从导向器流出时，向工作叶轮旋转方向偏斜。这样，燃气就能以很大的速度和合适的方向流入工作叶轮，更有效地推动其旋转。

燃气进入工作叶轮后，由于工作叶轮叶片(简称涡轮叶片)的通道是弯曲而收敛的，因此燃气速度(即相对速度)的方向和大小都发生了变化，即方向朝着与工作叶轮旋转相反的方向偏斜，而且大小逐渐增大。气流相对速度的这种变化，说明燃气受到了涡轮叶片的作用力。燃气在受到涡轮叶片的作用的同时，必定给涡轮叶片以反作用力。这个反作用力，再加上涡轮叶片前的燃气压力大于涡轮叶片后的燃气压力所形成的压差力，就是燃气作用在涡轮叶片上的力(F)，如图 3-11 所示，为燃气作用在涡轮叶片上的力。

这个力(F)从对涡轮的作用效果来看，又可分解为两个力：一个是沿圆周方向的，为圆周力(F_u)；另一个是沿涡轮轴方向的，为轴向力(F_a)。工作叶轮就是在圆周力(F_u)的作用下旋转起来的。轴向力对工作叶轮的旋转不起作用，只是使工作叶轮有向后移动的趋势。

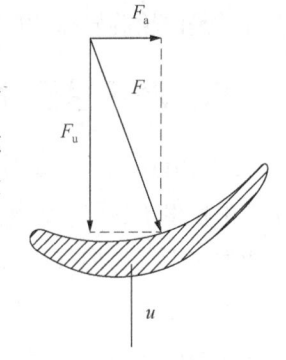

图 3-11　燃气作用在涡轮叶片上的力

三、动力涡轮中的燃气参数变化和能量转换

在导向器中，燃气的压力和温度降低，速度增大，也就是说燃气在膨胀过程中，一部分压力能和热能转换为本身的动能。

在工作叶轮中，燃气继续膨胀，它的压力和温度继续降低。这说明它的压力能和热能继续减小,这时所减少的能量,连同在导向器中所增大的动能中的一部分,一起转换为对工作叶轮所做的功。因此,燃气的绝对速度减小,燃气参数的变化情况如图3-12和图3-13所示。

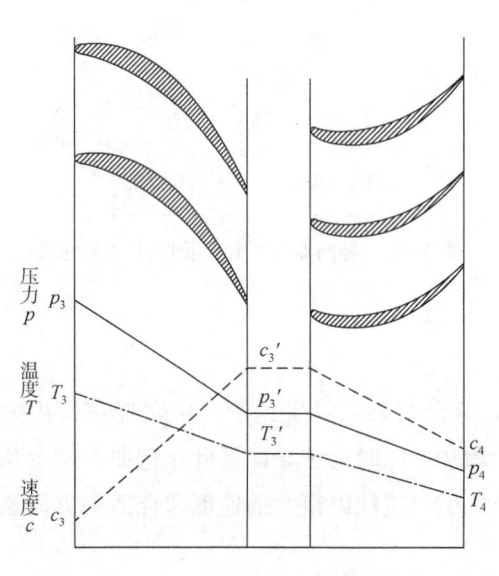

图 3-12　燃气参数的变化情况

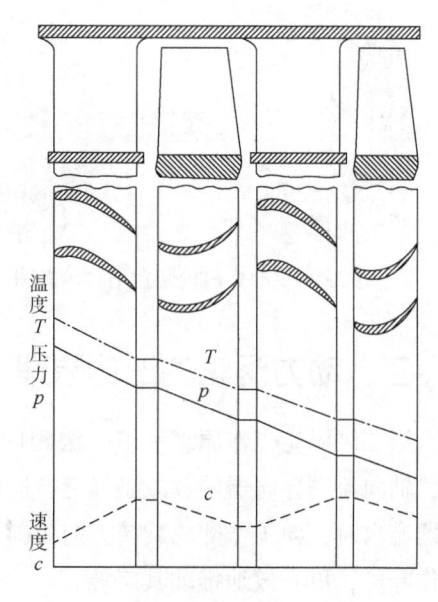

图 3-13　在双级涡轮内燃气参数的变化

可以看出,燃气经过涡轮装置时,它的热能和压力能都减少了。所减少的这部分能量,就是涡轮旋转做功的能量来源。

四、涡轮落压比

燃气流过涡轮装置时,把部分热能和压力能转换成了涡轮的旋转机械能,是由于燃气在其中发生了膨胀,而燃气的膨胀又是由压力的降低引起的。因此,燃气的热能转换为机械能的多少,与燃气压力的降低程度有密切的关系。

燃气压力在涡轮装置内的降低程度,通常用涡轮落压比($\pi_{涡}$)表示。它是涡轮装置前燃气压力(p_3)与涡轮装置后燃气压力(p_4)的比值:

$$\pi_{涡} = \frac{p_3}{p_4}$$

在涡轮前燃气温度一定的条件下,涡轮落压比越大,燃气在涡轮装置内的膨胀程度就越大,膨胀后的温度越低,涡轮装置前后燃气温度的差值也就越大。这样燃气流过涡轮装置后,不仅压力能降得低多了,热能也减少得多了,有更多的压力能和热能转换成涡轮的旋转机械能。可见,涡轮落压比的大小,反映了燃气在涡轮中的能量的利用程度的大小。涡轮落压比与发动机增压比有关,发动机增压比增大,涡轮落压比也就增大。

第五节　常见燃驱压缩机组参数

GE 燃压机组、SIEMENS(RR)燃压机组、SOLAR 燃压机组主要参数如表 3-1 所示。

表 3-1　燃压机组主要参数

机型	PGT25+SAC/PCL800	RB211-G62/RF3BB36	Titan130/C45-3
生产厂家	美国通用电气—新比隆公司（GE/NP）	罗尔斯—罗伊斯公司	美国 SOLAR 公司
基本功率	31364kW	29530kW	15200kW
控制系统	MARK Ⅵe 控制系统		
GG 燃气发生器	LM2500+SAC	RB211-24G	
压气机	单轴 17 级，压比 21.5，前 7 级静叶片可调	双轴，中压压缩机 7 级、高压压缩机为 6 级，压比 20	单轴 14 级，压比 16，前 6 级静叶片可调
燃烧室	单环形燃烧室(SAC)，燃料喷嘴 30 个，火花塞 2 个	环形燃烧室(SAC)，燃料喷嘴 18 个，火花塞 2 个	环形燃烧室(SAC)，燃料喷嘴 14 个
涡轮	2 级，冲击/反力式	高、中压涡轮各一级，冲击/反力式	2 级，反作用
动力涡轮	2 级额定运行转速：6100r/min	2 级额定运行转速：4800r/min	2 级额定运行转速：8600r/min
压缩机	叶轮级数：2~4 级；型号：PLC80X	叶轮级数：2 级；型号：RFBB36	叶轮级数：3 级；型号：C45-3
额定运行转速	6100r/min	4800r/min	8600r/min

第四章 压缩机组控制系统

学习范围	考核内容
知识要点	离心压缩机组控制系统简介
	离心压缩机组振动监测系统简介
	压缩机组动态监控简介
	压缩机防喘控制系统简介
	压缩机组压力控制和负荷分配
	压缩机紧急停车(ESD)系统简介
	可编程序控制器(PLC)简介
操作项目	压缩机组压力测量
	压缩机组温度测量

本章介绍压缩机控制系统的组成和工作原理，控制系统检测的要点，控制系统对机组运行的操作和保护，压缩机振动、速度、仪表、压力保护系统的组成；以期读者掌握压缩机组控制系统的一般要求，熟悉机组控制的必要性和控制点的配置，机组控制和保护值的设定和参数监控点的设置。

第一节 离心压缩机组控制系统简介

离心压缩机是在离心力作用下，气体经过流道、扩压器和回流器后，将气体的动能转化成压力能的转动设备，气体在压缩机的叶轮中，轴向进入径向流出。为了使压缩机持续安全、高效率地运转，必须配备数据监测和控制系统，一般包括以下方面的内容：

（1）运行参数采集。运行参数包括压缩机及汽轮机的各项运行参数，主要包括压力、温度、流量、振动、位移、键相、历史趋势和转数等重要参数。

（2）自动控制系统。压缩机排气量调节；进出口温度、压力的自动调节；油路、密封系统运行参数的自动调节、管路阀门运行参数的自动调节等。

（3）机组保护系统。保护系统是为整套压缩机提供保护功能，包括过压、过流、振动位移超标等，以及当压缩机出现紧急情况时，系统应该对压缩机提供必要的保护。

每台压缩机组的 UCP 控制系统除正常的压缩机组启、停控制，正常运行期间的监视与数据采集，意外情况下的紧急停机保护，还通过串行通信与其他 UCP 保持联系，以实现负荷分配、优化运行。

UCP 控制系统的主要控制功能有：

（1）压缩机附属设备的启、停和运行监控，如润滑油电加热器、润滑油泵、润滑油油雾分离器。

（2）压缩机组的启、停和运行监控，如启、停的过程控制，运行过程中的输送介质压力和温度控制，压缩机组的防喘振控制等。

（3）紧急停机保护，如压缩机密封气泄漏超限的放空紧急停机、润滑油汇管压力过低和压缩机组自身振动及温度超限等的不放空紧急停机。

（4）通过以太网与 SCADA 系统的 SCS 接收和发送数据和监控命令。

（5）事件信息和报警信息的显示与打印等。

第二节 离心压缩机组振动监测系统简介

离心压缩机等转动设备的转子在运转时，其转子的振动与转子的不平衡量、轴承油膜特性有关，因此转子的振幅与振动频率等因素的关系可以反映出转子的不平衡量、轴承油膜特性以及基础等状态。随着计算机及软件技术的飞速发展，通过高速采集振动的幅值信号、频率信号、相位信号等，计算机根据振动理论来分析压缩机的运行状态成为可能，并且通过发达的计算机网络可以实现机组的远程状态监测与诊断。

大型旋转机械振动信号分析的目的是提取出转子运行的状态信息，有效的信号处理和运行信息的提取是完成转子状态监测和故障诊断的关键。通过如倒频谱分析、双谱分析、Wigner 分析、ANC 技术等数学分析手段，将转子的轴心轨迹、时域波形分析等以瀑布图、Bode 图、Nyquist 图反映出来，供技术人员分析，从而对压缩机的运行状态做出分析判断。这些分析正随着人工智能技术的发展实现自动分析诊断。

通过在线监测系统可以实时反映机组的机械状况，实现提前发现机械故障，预测发展趋势，为机组维修提供指导依据，从而避免重大事故突发和盲目的维修，降低运行风险和运行成本。

第三节 压缩机组动态监控简介

在设备的使用和维修领域一直存在着一种需求，即检测和判断设备的运行状况。传统的设备管理中都是通过人工的观察、触摸和听声来判断设备的运行状况或者使用传统的监控系统。这种系统一般使用就地仪表、继电器、接触器，可靠性和自动化程度较低，对故障诊断处理主要依靠人工的定期巡检，并依据经验观察和分析，存在很大的不确定性，已经不能满足现代化工业发展的需求，传统监控系统在现代大型设备的生产中已经淘汰，已经存在的监控系统也根据生产的需求陆续进行改造。伴随着计算机监控技术的发展，现代化的检测和诊断系统得到了极大的发展，已经成为机械故障诊断的重要手段。

现代检测方式一般分为离线和在线两种，离线检测一般使用便携式数据采集器系统，该系统是针对中小型设备开发的，一般具有数据的采集、存储管理、分析计算、报告、显示和打印功能。在线的检测方式是计算机化的监测和诊断系统，该系统一般应用于工业生产中的大型关键设备，而且根据设备的具体类型需要进行专门的研制开发，根据体系结构的不同，一般分为单机系统和分布式集散系统两大类。以PLC的应用为代表的集中监控系统，具有结构简单、安装维护方便、可靠性高等优点，但是在诊断方面的作用有限。计算机和PLC相结合的监控系统，既保留了集中监控系统的优点，又能实现远程监控、故障诊断和数据管理等，从而使在线状态监测和故障诊断系统突破了服务于设备使用和维修方面的限制，成为设备管理现代化的一个重要手段。

监控系统已经成为现代大型连续运转设备必备的组成部分，但是综合考虑实际需求、生产成本、设备管理等方面的具体因素，监控系统在设备和维修领域的使用和发挥的作用呈现出两个特点，第一，监测为主、控制简单和诊断缺项。对设备的监控不同于对生产过程的监控，一般不需要复杂的控制算法，所以一般以监测为主，另外考虑到控制成本或技术水平受限制等因素，许多设备监控系统只具备简单的判断功能，不具备故障诊断功能。第二，监控系统的强大功能没有得到充分的发挥，突出表现在对于设备故障记录和运行参数数据管理功能没有得到有效应用，或者不能满足实际管理的需求，这种需求其实属于监控系统的后期开发，需要设计者和使用者进行充分的交流才能取得实用的效果。

天然气压缩机组监控系统是一个以机械设备为对象的在线运行状态监测系统，其本质为基础的计算机监控系统。按照计算机监控系统的一般构成来划分，任何监控系统都可以分为硬件系统和软件系统两大部分。从系统设计的角度来划分，监控系统可以分为两部分：以PLC和触摸屏为核心的下位机监控系统(即现场或就地监控系统)和上位机监控系统(即远程集中监控系统)。综合考虑整个监控系统的设计难度和设计工作量，下位机监控系统应该是整个监控系统的基础，在整体系统的设计流程上需要优先完成。系统的总体需求分析和总体方案的选择设计是两个重要的前提，下位机监控系统的实现是核心工作，上位机监控系统组态软件的开发设计是实现完整监控系统的重要组成部分。

第四节　压缩机防喘控制系统简介

喘振的根本原因是压缩机的入口流量过低，因此防喘振的根本途径是向入口补充流量。通常是在压缩机出、入口之间加装防喘振控制阀，当控制系统检测到压缩机的流量等于或小于规定的最小流量值，就会给出信号，打开防喘振旁通阀，让一部分气体回流，从而补充压缩机入口流量，使压缩机的工作点回到安全区域。

现代压缩机组均采用 PLC 系统控制，可以针对不同的情形采用不同的对策，配以先进的软件系统和可靠硬件系统，能更有效地防止喘振的发生，提高防喘振控制的可靠性。现代防喘振控制通常包括变流量限控回路（又称喘振线控制回路）、工况点移动速率控制回路、快开阀线控制回路以及喘振监测回路。喘振线控制回路是在喘振线右侧工作区内设置一条留有一定安全裕度的控制线（一般为 10%），当运行工况点缓慢移动到防喘振控制线时，控制系统开启防喘振阀，回流一部分气体，缓解工况，通常这是一个 PID 回路。移动速率控制回路监测运行工况点的移动速率，当工况点向喘振线移动的速率超过一定值时，控制系统打开防喘振阀，提前做好预防，通常这也是一个 PID 回路。如果以上两个回路控制仍未能阻止运行工况点的移动，当运行工况点达到快开阀线控制线时，控制系统发出开启防喘振阀的阶跃信号，将阀开启一个预定量，并留有一定延时，若在这延时期间工况变得稳定，则控制系统按喘振控制 PID 方式缓慢关闭防喘阀；若工况仍未得到改善，则发出紧急停机指令。

第五节 压缩机组压力控制和负荷分配

一、进口压力控制

进口压力控制是指使用压气站或压缩机组进口压力作为燃气轮机—离心压缩机组运行过程中的控制条件，压缩机出口压力、压缩机出口温度、通过压缩机的实际流量、燃机透平速率（NGP）/燃气发生器速度（NGG）、动力透平转速（NPT）和温度等作为运行过程中的约束条件。以 SOLAR 压缩机组为例，控制系统通过进口压力控制器 PIC 控制压缩机组的进口压力。在这个控制模式下，通过调节燃机透平速率 NGP 来控制压缩机组的进口压力 PV 达到指定的设定值 SP。当压力大于设定值时，PIC 输出增加燃气流量，增加 NGP 值，当压力低于设定值时，PIC 减少 NGP 值。PIC 用比例—积分 PI 运算器来调整 NGP，可以在操作界面上通过就地调节来调节压力设定值。对于多个选项，可以选择 PIC 的压力设定值模式，即在操作界面选择就地设定值 LSP 或远程设定值 RSP 来对机组的进口压力进行控制。通过 PI 控制，首站压缩机组的进口压力控制模式对被控对象（进口压力）的变化反应较为迅速，能够迅速地使工况达到期望值。但这种控制模式的缺点是当上游气量突然大幅度变化，或上游可供气量与下游用气量长时间不符时，压缩机组的稳定工况将会逐步改变，整个水力系统将成为一个发散式的控制反馈模式，导致 WKC1 的压缩机组运行不稳定，轻则需打开回流阀 FV2901，重则需打开压缩机组的防喘振阀门。

二、出口压力控制

出口压力控制是指使用压气站或机组出口压力作为燃压机组运行过程中的控制条件，进口压力、出口温度、机组实际流量、NGP、NPT 和温度等作为运行过程中的约束条件。

与进口压力控制模式相同，控制系统通过出口压力控制器（PIC）控制压缩机组的出口压力。在这个控制模式下，调节 NGP 来控制压缩机组出口压力指定的设定值。当压力大于设定值时，PIC 减少 NGP 值；当压力低于设定值时，PIC 增加 NGP 值。同样，PIC 用 PI 运算器来调整 NGP。

通过 PI 控制，首站压缩机组的出口压力控制模式对被控对象（出口压力）的变化反应较为缓慢，使工况达到期望值是一个漫长的过程。这种控制模式的优点是：对上游气量大幅度波动的敏感性较进口压力控制相对小很多，当上游可供气量与下游用气量长时间不符时，压缩机组也能根据出口压力的设定值长时间稳定运行，不会轻易打开回流阀 FV2901 和压缩机组的防喘振阀门。

第六节　压缩机组仪表测量

一、压力测量

（一）应用液柱重力测量压力

依据流体静力学原理，把被测压力转换成液柱高度，利用液柱对压力的直接平衡进行压力测量的。常用的有 U 形管、单管压力计，主要用于测量低压、负压或差压。

（二）应用弹性变形测量压力

利用弹性元件受压后产生弹性变形的原理进行测压。常用的弹性元件有弹簧管、薄膜式弹性元件和波纹管。

（1）弹簧管：把截面积为椭圆形的金属管弯成弧形，当内部通入压力后，由于金属管的变形，其自由端会产生位移，利用该位移可以测量出压力的大小。弹簧管可测量很高的压力。

（2）薄膜式弹性元件：有膜片和膜盒两种形式，在施加于薄膜上的压力作用下，膜片或膜盒会产生位移，利用该位移可以测量出压力的大小。该法测量压力范围较弹簧管低。

（3）波纹管：一个周围为波纹状的薄壁金属筒体，在压力作用下易于变形，通常用于微压和低压测量。

在工业过程控制与技术测量过程中，由于机械式压力表的弹性敏感元件具有很高的机械强度以及生产方便等特性，机械式压力表得到广泛的应用。机械压力表中的弹性敏感元件随着压力的变化而产生弹性变形。弹簧管、膜片、膜盒及波纹管等敏感元件均属此类。

所测量的压力一般视为相对压力,一般相对点选为大气压力。敏感元件一般是由铜合金、不锈钢或特殊材料组成。弹性元件在介质压力作用下产生的弹性变形,通过压力表的齿轮传动机构放大,压力表就会显示出相对于大气压的相对值(或高或低)。在测量范围内的压力值由指针显示,刻度盘的指示范围一般做成270°。

(三) 应用电测法测量压力

电测法测量压力是通过传感器直接把被测压力转换为电信号,检测元件动态特性好、测量范围宽、耐压高,适用于测量快速变化、脉动和超高压等场合。常用的有电容式、电感式、压电式、压阻式、应变式传感器等。

二、温度测量

(一) 双金属温度计

在工业过程控制与技术测量过程中,由于双金属温度计结构简单、牢固、安全等特性,越来越广泛地应用于气体、液体及蒸汽的温度测量。

双金属温度计是由两种线膨胀系数不同的金属薄片叠焊在一起制成。若将双金属片一端固定,在其受热后由于两种金属片线膨胀系数不同而产生弯曲变形,弯曲的程度与温度高低成正比。为提高仪表的灵敏度,工业上应用的双金属温度计是将双金属片制成螺旋状,一端固定在测量管下部,另一端为自由端,与插入螺旋形双金属片的中心轴焊接在一起。当被测温度发生变化时,双金属片自由端发生位移,使中心轴转动,经传动放大机构,由指针指示出被测温度值。耐震双金属温度计的壳体制成全密封结构,且在壳体内填充阻尼油,由于其阻尼作用可以使用在工作环境振动或介质压力(载荷)脉动的测量场所。带有电接点控制开关的双金属温度计可以实现发讯报警或控制功能。

(二) 铂热电阻温度计

热电阻温度计是基于金属导体或半导体电阻与温度呈一定函数关系的原理实现温度测量的。铂电阻物理化学性能稳定、易提纯、复制性好、有良好的工艺性和较高的电阻率,是理想的热电阻材料。

第七节 压缩机紧急停车(ESD)系统简介

ESD(Emergency Shutdown Device,紧急停车)系统按照安全独立原则要求,独立于DCS集散控制系统,其安全级别高于DCS。在正常情况下,ESD系统是处于静态的,不需要人为干预。作为安全保护系统,凌驾于生产过程控制之上,实时在线监测装置的安全性。只有当生产装置出现紧急情况时,不需要经过DCS系统,而直接由ESD发出保护联锁信号,对现场设备进行安全保护,避免危险扩散造成巨大损失。

如图 4-1 所示，ESD 的基本组成大致可以分为三部分：传感单元、逻辑运算单元、最终执行单元。

检测单元采用多台仪表或系统，将控制功能与安全联锁功能隔离，即检测单元分开独立配置的原则，做到 ESD 仪表系统与过程控制系统的实体分离。

执行单元是 ESD 仪表系统中危险性最高的设备。由于 ESD 仪表系统在正常工况时是静态的，如果 ESD 控制系统输出不便，则执行单元一直保持在原有的状态，很难确认执行单元是否有危险故障，所以执行单元仪表的安全度等级的选择十分重要。

逻辑运算单元包括输入模块、控制模块、诊断回路、输出模块四部分，依据逻辑运算单元自动进行周期性故障诊断，基于自诊断测试的 ESD 仪表系统，系统具有特殊的硬件设计，借助于安全性诊断测试技术保证安全性。

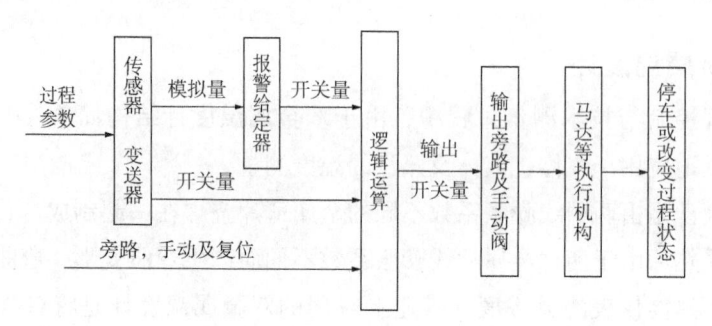

图 4-1　ESD 系统结构示意图

第八节　可编程序控制器（PLC）简介

一、PLC 的定义

PLC（Programmable Logic Controller，可编程逻辑控制器）是随着科学技术的发展，为适应多品种、小批量生产的需求而产生发展起来的一种新型的工业控制装置。1987 年国际电工委员会（IEC）颁布的 PLC 标准草案中对 PLC 做了如下定义：PLC 是一种数字运算操作的电子系统，专门在工业环境下应用而设计。它采用可以编制程序的存储器，用来在执行存储逻辑运算和顺序控制、定时、计数和算术运算等操作的指令，并通过数字或模拟的输入（I）和输出（O）接口，控制各种类型的机械设备或生产过程。

（1）现场输入接口电路由光耦合电路和微机的输入接口电路集成，作用是 PLC 与现场控制的接口界面的输入通道。

（2）现场输出接口电路由输出数据寄存器、选通电路和中断请求电路集成，作用是 PLC 通过现场输出接口电路向现场的执行部件输出相应的控制信号。

常用的 I/O 分类如下：

(1) 开关量：按电压水平分，有 220VAC、110VAC、24VDC；按隔离方式分，有继电器隔离和晶体管隔离。

(2) 模拟量：按信号类型分，有电流型(4~20mA，0~20mA)、电压型(0~10V，0~5V，-10~10V)等；按精度分，有 12bit、14bit、16bit 等。

除了上述通用 I/O 外，还有特殊 I/O 模块，如热电阻、热电偶、脉冲等模块。

按 I/O 点数确定模块规格及数量，I/O 模块可多可少，但其最大数受 CPU 所能管理的基本配置的能力，即受最大的底板或机架槽数限制。

二、PLC 的结构与组成

从 PLC 的硬件结构形式上，PLC 可以分为整体固定 I/O 型、基本单元加扩展型、模块式、集成式、分布式 5 种基本结构形式。

(一) 中央处理单元(CPU)

中央处理单元(CPU)是 PLC 的控制中枢，是 PLC 的核心起神经中枢的作用，每套 PLC 至少有一个 CPU。它按照 PLC 系统程序赋予的功能接收并存储从编程器键入的用户程序和数据；检查电源、存储器、I/O 以及警戒定时器的状态，并能诊断用户程序中的语法错误。当 PLC 投入运行时，首先它以扫描的方式接收现场各输入装置的状态和数据，并分别存入 I/O 映象区，然后从用户程序存储器中逐条读取用户程序，经过命令解释后按指令的规定执行逻辑或算数运算的结果送入 I/O 映象区或数据寄存器内。等所有的用户程序执行完毕之后，最后将 I/O 映象区的各输出状态或输出寄存器内的数据传送到相应的输出装置，如此循环运行，直到停止运行。

为了进一步提高 PLC 的可靠性，对大型 PLC 还采用双 CPU 构成冗余系统，或采用三 CPU 的表决式系统。这样，即使某个 CPU 出现故障，整个系统仍能正常运行。

CPU 速度和内存容量是 PLC 的重要参数，它们决定着 PLC 的工作速度、I/O 数量及软件容量等，因此限制着控制规模。

(二) 存储器

系统程序存储器是存放系统软件的存储器；用户程序存储器是存放 PLC 用户程序应用；数据存储器用来存储 PLC 程序执行时的中间状态与信息，它相当于 PC 的内存。

(三) 输入输出接口(I/O 模块)

PLC 与电气回路的接口，是通过输入输出部分(I/O)完成的。I/O 模块集成了 PLC 的 I/O 电路，其输入暂存器反映输入信号状态，输出点反映输出锁存器状态。输入模块将电信号变换成数字信号进入 PLC 系统，输出模块相反。I/O 分为开关量输入(DI)、开关量输出(DO)、模拟量输入(AI)、模拟量输出(AO)等模块。

(四) 通信接口

通信接口的主要作用是实现 PLC 与外部设备之间的数据交换(通信)。通信接口的形式多样，最基本的有 UBS、RS-232、RS-422/RS-485 等的标准串行接口，可以通过多芯电缆、双绞线、同轴电缆、光缆等进行连接。

（五）电源

PLC 的电源为 PLC 电路提供工作电源，在整个系统中起着十分重要的作用。一个良好的、可靠的电源系统是 PLC 的最基本保障。一般交流电压波动在+10%（+15%）范围内，可以不采取其他措施而将 PLC 直接连接到交流电网上去。电源输入类型有：交流电源（220VAC 或 110VAC）、直流电源（常用的为 24VDC）。

第五章 压缩机组辅助系统

学习范围	考核内容
知识要点	液压启动系统简介
	燃料气系统简介
	润滑油系统简介
	冷却及空气密封系统简介
	涡轮控制简介
	燃气发生器水洗系统简介
	箱体通风系统简介
	二氧化碳消防系统简介
	燃气轮机辅助系统简介
	其他辅助系统简介

本章介绍压缩机组辅助系统的构成，辅助系统在燃气轮机压缩机组运行时的作用和特性，辅助系统的技术条件、工艺流程、控制原理、与机组主机的联动技术要求。

压缩机组辅助系统组成：液压启动系统、燃料气系统、润滑油系统、冷却及空气密封系统、涡轮控制、燃气发生器的水洗系统、箱体的通风系统、二氧化碳消防系统、空气入口过滤器。

第一节 液压启动系统

一、作用原理

液压启动系统的作用是以可变流量和压力，使燃气发生器上安装的液压启动马达运转，并通过齿轮传动装置带动压气机转动，达到启动目的。

启动机最大工作油压：450bar。

工作方式：1台液压泵与1台燃气轮机配套。

机组清吹转速：2200r/min。

机组点火转速：1700r/min。

高压液压油由一台三相电动机带动的柱塞式液压泵产生。流速是由一个安装在泵上的比例控制阀调节，而液压油压力则由安装在环路里的系列最大压力阀控制；液压油的清洁则由微纤维滤芯过滤器进行。

最后，系统根据基本的参数通过安装的一系列适合操作环境的子模块和模拟仪器得到监控。

二、液压启动程序

首先满足条件：泵电动机得电，手动阀打开。随后，柱塞式液压泵斜盘角度为零，即流量为零的情况下，进行泵预热并随时可以启动。启动程序如下：

（1）当液压启动机启动后，UCP就会按顺序启动泵电动机。

（2）当油箱达到了规定的温度值，安装在管线自动隔离阀上的启动机将在电动机启动后打开最少15s，因为隔离阀由弹簧关闭并需要油压进入才能打开。

（3）2s后，由于电磁阀得电，泵斜盘被信号瞬变移动到伺服阀门驱动器处，一个较慢的信号使发动机以0.5%~1%的增速到达300r/min，再以一个较快的信号使发动机以2%~3%的增速到达冷拖转速。

（4）当达到冷拖转速后，发动机转速将保持一段时间，以对发动机通道进行清吹，启动机对发动机的转速反馈进行调节，以使发动机保持这个清吹转速。

（5）清吹阶段结束后，通过一个缓慢的瞬变信号使液压泵斜盘角度以0.5%~1%的速率缓慢减小，将发动机降速。在降速过程中，启动机降速比发动机快，因此，离合器脱开。然后启动机又重新加速等发动机降速到达点火转速，发动机点火成功后转速增加，直到发动机转速到达4300r/min，启动机脱开，在发动机到达4600r/min时启动马达切断。

液压启动系统在上述的极限条件下出现空挡位置。在出现空挡位置时，斜盘在15%~20%/s的比率后停留在空挡位置，斜盘位置不会继续减小。隔离阀在液压启动位置时最少关闭15s。

三、液压启动系统的监控

液压启动系统配置有以下监控和保护仪器：

（1）启动机超速。当启动机转速探头监测到启动机转速高于5400r/min（高于启动机设计转速4500r/min的120%），启动机切断。

（2）为了最大限度地降低由于离合器故障而重新啮合造成启动机的损坏，逻辑会在启动机脱开后、启动程序结束时进行检查,当离合器脱开后,启动机的转速将降到零。

在启动机空挡后20s,如探测到启动机转速大于900r/min(启动机最高设计转速4500r/min的20%),则离合器会重新啮合并造成停机。

(3)过滤器检测,如压力变送器检测到过滤器压差达到报警值就会发出报警。

(4)仪器故障逻辑。如离合器润滑油温度传感器检测出超出逻辑范围外的故障,将会发生报警;如启动机速度探头测出故障会产生报警,故障条件是当离合器重新啮合时,启动机速度与燃气发生器速度之间有超过50r/min的差别(当发动机由启动机驱动时)。

第二节 燃料气系统

燃料气系统分成两大部分:燃料气辅助系统、在基板上的燃料气系统。

燃料气温度:比燃料气露点高28℃。

燃料气橇进口压力:最低压力27~33bar。

燃料气需要进行处理,才能达到运行所需要的压力和温度条件,并消除、降低气体中的固相及液相物。为了达到上述要求,在箱体的燃料气系统之前安装了一套燃料气辅助系统。

在燃料气辅助系统上安装有传送器的双级旋风分离器。分离器具有控制排放的功能。安装有一台电加热器、压力控制阀及压力变送器。燃气旋风分离器分成上下两部分:首先,燃气被导入下部的离心分离器,气体切向进入,气体在离心力作用下,任何固态或液态物质在气旋的作用下都能将大于一定临界直径的杂质从气体中分离出去。从气体中被分离出来的液体受油位指示器的连续不断的监控,如液位过高或过低,该指示器都可控制排放阀打开和关闭。燃气经过第一级旋风分离后进入第二级处理,即进入上部的过滤器,可将更小的固态物质处理掉。

为了使燃料气达到最佳温度条件,燃料气进入电热器内加热,该装置会在燃气温度高于35℃时将加热器切断。

燃料气在辅助系统处理完成后进入在基板上的燃料气系统。基板上的燃料气系统由以下部件组成:燃料气切断阀、燃料气计量阀、放空阀、温升阀。燃料气经过30个单一的燃料气喷嘴被喷入一个单一的环形燃烧室,在燃烧室头部由旋流器所形成的燃气涡流杯中混合并燃烧。

计量阀的阀位由伺服阀和电动机控制器来控制。燃料气切断阀依靠自身的燃料气来开启和关闭。三个电磁阀通过来自控制面板的信号控制,当它工作时燃料气流从燃气母管到截止阀,操作活塞打开截止阀;当它不工作时,任何可能集聚在燃气管中的燃料气都会通过放空管道排放到大气中去。

第三节　润滑油系统

润滑油系统包括润滑油、辅助油泵（交流电动机驱动油泵）、紧急油泵（直流电动机驱动油泵）。可以为动力涡轮的前、后轴承和止推轴承，压缩机的前、后轴承和止推轴承以及压缩机主润滑油泵传动齿轮箱提供经过冷却、过滤后的有合适压力和温度的矿物润滑油。

当机组符合启动条件并收到启动指令后，执行启动程序，在0~10s内启动辅助润滑油泵和辅助泵电动机，润滑油被吸入油泵并通过管路经过一孔板、单向阀及手阀，到达润滑油温度控制阀进口。在辅助润滑油泵出口管路上安装有辅助泵出口压力表，以测量辅助润滑油泵出口压力。另安装有一旁通管路，旁通管路上安装有一孔板，孔板直径为2mm，在孔板下游安装有观察窗。润滑油经观察窗流回油箱。此旁通管路的作用为通过观察窗检查辅助润滑油泵的工作情况。

在辅助润滑油泵出口至润滑油温度控制阀进口安装有孔板，孔板直径为28mm。在辅助润滑油泵出口管路上安装有压力控制阀，测量双联润滑油滤后的压力，当压力达到175kPa时压力控制阀工作，将多余润滑油泄放回油箱，以保证双联润滑油滤后压力。

润滑油温度控制阀接受来自润滑油冷却器出口润滑油及主润滑油泵/辅助润滑油泵出口的润滑油，设定出口温度为55℃，两路润滑油在温度控制阀中被按一定比例混合，以达到出口温度控制在55℃。润滑油温度控制阀为一气动控制阀，控制动力为仪表气。

润滑油经润滑油温度控制阀出口到达双联润滑油滤，经其中的任一个油滤过滤。当油滤两端压差达到170kPa时会发出报警，运行人员可以就地切换滤芯，并可在任何运行状态下更换滤芯。该双联润滑油滤的切换把柄在任何位置，润滑油的流量都在100%。

双联润滑油滤出口管路上安装有润滑油温度传感器，当润滑油温度低于35℃时会发出一个低报警；达到72℃时会发出一个高报警，润滑油冷却器辅助风扇电动机启动；当达到79℃高报警时，机组执行正常停机。当润滑油温度达到79℃时机组执行紧急停机。

在双联润滑油滤上还安装有一个3/4in管，该管从正在运行的油滤中引出润滑油，通过一直径为3mm的孔板再流经一观察窗后直接返回油箱，此观察窗的作用为检查油滤工作情况。

当动力涡轮转速达到最小运行转速，也就是说当机组准备加负荷条件时，辅助润滑油泵停止。这时被压缩机驱动的主润滑油泵已经达到供油能力，接替辅助润滑油泵工作。

主润滑油泵从油箱吸入润滑油，出口润滑油经单向阀、手阀到达温度控制阀入口，以后流经路线同辅助润滑油泵流经路线。在主润滑油泵出口安装有旁通单向阀及主泵旁通孔板，孔板直径为2mm。通过孔板的润滑油流经观察窗后回油箱，此观察窗目的为检查主润滑油泵工作情况。

在主润滑油泵出口还安装有主泵出口润滑油压力表，和主泵出口安全阀，该阀为机械控制阀，当主泵出口压力达到设定压力时压力阀泄压，通过观察窗回油箱，此安全阀为保护系统安全设计。

在此系统中还安装有应急润滑油系统。应急润滑油系统是在交流电驱动失败的情况下启动，应急润滑油泵电动机使用直流电驱动，用于机组的冷停机。直流电驱动的电动机带动应急润滑油泵旋转，润滑油吸入油泵，出口润滑油到达单独的润滑油滤，经过滤后的润滑油经带孔单向阀、手阀供应到动力涡轮/压缩机润滑油系统。在润滑油滤两端安装有压差变送器，当油滤压差达到170kPa时会发出一个高报警，高报警状态时启动程序被隔离。

在润滑油滤上有一个引管，在引管上安装有直径为3mm的孔板及观察窗，以观察应急润滑油滤的工作情况。在油箱顶部还安装有润滑油加油口及油箱检查盖，通过检查盖能观察油箱内部状况及清理油箱。

润滑油泵的逻辑描述如下：

（1）油箱运行。

① 润滑油箱加满符合等级的油。

② 检查液位。

③ 检查油箱的加热器油箱温度在25~40℃。

④ 辅助油泵出口阀打开。

⑤ 检查辅助油泵电源，应急泵，分离器冷却器电源。

⑥ 检查燃机。

⑦ 检查润滑油滤滤芯。

⑧ 检查润滑油滤的出口及排污口。

⑨ 检查油冷器的排污阀关。

⑩ 检查压力表、压差和变送器开。

（2）油泵和运行。

系统供应经过冷却和过滤的温度和压力合适的润滑油到设备各个润滑点。系统包括一个被离心式压缩机驱动的主润滑油泵和一个被交流电动机驱动的辅助油泵。当润滑油泵完全不工作时，应急润滑油泵被直流电动机驱动。同样，当压缩机冷停、交流泵启动失败的情况下，直流泵启动。除了机组停机及冷停计时器走完后润滑油泵不运行其余时间都连续运行。

润滑油箱液位和温度要在运行范围之内，如果液位和温度不正常，启动程序将暂停并报警。待装置启动则润滑油系统自动启动，当液位和压力恢复到允许范围之内，启动程序继续运行。

在正常运行期间，如果主润滑油泵出口压力低，辅助泵自动启动，待恢复正常条件，在计算机控制屏上手动停止辅助泵。如果润滑油泵出口压力低，则应急泵启动，机组跳机；润滑油泵出口压力恢复，应急泵自动停止。

当程序走完和冷停周期结束，辅助润滑油泵自动停止。润滑油从油滤出口进入润滑油分配总管，分别进入动力涡轮前、后及止推轴承，压缩机前、后及止推轴承，减速齿轮箱，润滑油经各自的回油管路自流回油箱。所有回油箱的管路都不可以存留润滑油，并且所有的管路均保持一定的倾斜度。

润滑油系统也用于润滑和冷却燃气发生器转子轴承以及附属齿轮箱，一部分润滑油亦用于可调导叶执行机构作动筒。在控制板上安装有以下部件：双联过滤器、润滑油温度控制阀、减压阀、电加热器、压力变送器、润滑油箱。

燃气发生器前、中、后轴承及齿轮箱的回油通过三台回油泵被抽回油箱。安全阀用于控制回油泵出口压力。当温度低于设定温度，油被直接抽回到油箱，否则通过向冷却器提供润滑油来控制出口油温。油气分离器接受来自安装在燃气发生器上的离心式油气分离器的出口油气，分离器有一个凝聚式过滤器，外壳由不锈钢制成，内部安装有一个可更换的滤芯，滤芯为无机微纤维材料，用来分离油雾气。

第四节　冷却及空气密封系统

冷却及空气密封系统向燃气轮机内部提供冷却空气以冷却动力盘。防冰系统从燃气发生器压气机某级抽气向防冰系统提供热空气。

空气从某级送入进气系统的通道中冷却，将温度降低。部分空气送至动力涡轮的主管道，通过30根支管将空气送入第1级叶轮空间，再进入转子的其他部分，再送入多个排出器，与空气混合从而冷却燃气轮机排气舱。

第五节　涡轮控制

燃气轮机上安装有多个控制装置，以便正确控制机组。其中一些仅仅用于控制，其他是用于保护使用者及燃气轮机本身。

燃气发生器的振动探头安装在燃气发生器压气机后机匣的下部。当探头探测到的振动值超出临界值 0.1mm/s 时，会发出一个报警；当超出 0.17mm/s 时，机组恢复到空转速度。

燃气发生器上安装有两个速度探头，用于探测燃气发生器的转速。如果探到转速超过 10100r/min，机组将报警；如果转速超过 10200r/min，机组将紧急停机。

安装在燃气发生器附件齿轮箱上的启动离合器用于探测离合器转速，当转速大于 5400r/min 时机组紧急停机。

离合器上安装有两个温度探头控制离合器温度，当在高温时会发出一个高报警，当温度过高时会出一个高报警并使机组停机。

火焰探头用来探测燃气发生器中火焰的存在。如果两个探头中有一个没有探到火焰，则机组的启动将示警。如果在正常运行中两个探头都没有探到火焰，机组将停机。

有多个电偶检测燃气发生器的排气温度。当温度超过855℃时会发出一个高报警；当温度超出860℃时会再发出一个高报警，机组将停机。

动力温度的排气温度由多个电偶检测。当温度超过600℃时发出一个高报警，当温度超过615℃时机组将受控停机。

动力涡轮的每个支撑轴承都有4个温度探头，安装在1号轴承上和2号轴承上，其中2个工作2个备用。当温度超过110℃时发生一个高报警，当温度超过120℃时机组降转到慢车转速。

动力涡轮轴上的止推轴承由多个（如8个）温度探头来控制的。其中4个工作，4个备用。当温度超过115℃时会发出一个高报警，当温度超过130℃时机组降转到慢车转速。

动力涡轮轴上安装有3个转速探头用于探测动力涡轮转速。当转速超过6405r/min时将会发出一个高报警，当转速超过6710r/min时机组将受控停机。

动力涡轮的涡轮盘之间的空间温度由多个热电偶控制。当探测到第一级盘前温度超过350℃时会发出一个高报警；当温度超过365℃时会发出一个高报警，机组停机。一级盘后的温度超过400℃高报警，超过415℃高报警且机组停机。第二级涡轮盘前、后温度超过450℃时高报警，超过465℃时机组停机。

第六节　燃气发生器水洗系统

机组安装有离线/在线水清洗系统，用于燃气发生器的压缩机清洗。清洗时供水软管需要操作员手动接到清洗水箱上。清洗设备包括以下装置：清洗用水箱、清洗用泵、泵电动机、电磁阀。

清洗水箱容积为400L，水箱上安装有过滤器、通风孔、液位指示器、压力表和阀门。在水箱内还安装有一台电加热器，带有温度控制开关，可保持水温在60~65℃。

在燃气发生器箱体外的前部安装有两个常闭的电磁阀，当采用在线清洗、离线清洗时工作。清洗时清洗液由电动机驱动的泵从水箱中抽取，通过打开的电磁阀到燃气发生器的清洗总管上，再经过支管到达喷水嘴，将清洗液喷入进气道内。

离线清洗是在燃气发生器停止运行后，由启动系统将燃气发生器带转到一定转速的清洗。离线清洗时，动力涡轮盘之间的温度必须小于150℃。将清洗水箱上的清洗水管连接到清洗电磁阀上即可进行离线清洗。清洗者在控制面板上选择水洗程序，机组将会自动执行以下程序：

（1）启动液压启动泵。

(2) 清洗控制逻辑控制启动电动机将燃气发生器转速从 0 提升至 1200r/min。

(3) 离线清洗电磁阀被控制并打开。

(4) 当燃气发生器转速降到 200r/min 时，离线水洗电磁阀关闭，液压启动器停止。

(5) 当燃气发生器转速降到 120r/min 时，启动系统再次接通，重复上述过程。

(6) 当水箱中的清洗液抽完后，手动停止清洗程序，停留至少 10min。

(7) 在水箱中加入冲洗水，以上述同样的程序进行漂洗。

(8) 按下手动停止按钮停止程序或取消水洗选定。机组没有自动停止程序或定时器。

(9) 当水洗完成后，将水洗软管从电磁阀上拆下，并清理现场。

(10) 启动机组调整到过慢车转速并运行 5min 使其得到干燥。

在线清洗为燃气轮机在正常运行状态下的清洗，一般情况下不建议使用，对于燃机/压缩机组来说基本上不采用这种方法，这里不再介绍。

第七节 箱体通风系统

箱体通风系统用于箱体的通风与冷却，在箱体的入口安装有两个双速风扇，这两个风扇一用一备。操作员可以通过计算机控制屏上的手动按钮进行选择。启动机一经开启就启动主风扇，当冷却程序停止，主风扇就停止运行。在正常的操作中，在箱体加压完成后，可检测到两个非正常的通风条件：

(1) 箱体压差偏低。

在箱体门打开的情况下，按压在计算机控制屏上的一个允许操作的按钮，会响起一个报警。如果没有按压允许操作的按钮，那么启动正常的停机顺序。如果箱体门是关闭的，且备用风机已经运行，那么启动正常的停机程序。如果备用风扇停止，那么在备用风扇停止时主风扇将被启动，并且在主风扇运行后的 10s 检测。

(2) 燃气发生器箱体内部的温度偏高。

如果备用风扇停止，主风扇将在备用风扇停止后运行，并且在运行 10s 后检测。如果检测到的温度仍然偏高，那么超时 60s 的箱体超高温计时器启动，等一段时间再次检测箱体温度，如果仍超出最高温度设定，则不增压紧急停机。

第八节 二氧化碳消防系统

消防系统是一个低压双出口二氧化碳系统，用于保护箱体内装有各种附件的燃气发生器和动力涡轮后舱中的设备。消防系统是完全的自反馈型，当机箱内着火时，二氧化碳的排放能使起火区域周围快速形成惰性气体，使火焰和氧气隔离，而使火焰在短时间内迅速扑灭。

一、消防系统装置组成

消防系统装置包括：火焰检测探头(安装在燃气发生器箱体内)、温度探头(安装在燃气发生器箱体内)、温度探头(安装在动力涡轮后舱内)、二氧化碳瓶、头阀、止回阀、安全阀、电磁头阀、重力开关、隔离开关、报警灯及报警声。

本系统备有两套二氧化碳瓶，一套用于快喷，一套用于慢喷。二氧化碳是由两个安装在瓶头的电磁阀控制排放的，在正常运行时这两个阀是关闭的。

二氧化碳喷嘴压力由压力变送器来检测。最初的排放是快速的，目的是快速降低箱体内的氧气含量，当氧气含量低于15%时火焰会快速熄灭。慢速排放的目的是使箱体内继续保持无氧状态，保证有足够的时间将金属表面与空气隔离开来，避免因金属表面的高温而复燃。

二、运行模式

二氧化碳灭火系统有两种运行模式：隔离和监控。当手动隔离阀处于关闭状态时，系统被隔离，二氧化碳无法排放，同时启动被隔离。当手动隔离阀打开时，系统处于监控状态。

隔离开关的打开与关闭在箱体上的二氧化碳系统状态板上有指示。如系统处于隔离状态，则黄色信号灯亮。如系统处于监控状态，则绿色信号灯亮。如二氧化碳喷射，则红色信号灯亮。

系统处于隔离状态时二氧化碳不能喷射，系统处于监控状态时二氧化碳可以喷射。当探头检测到着火条件后，激活二氧化碳瓶上的排放电磁阀，则灭火程序自动进行。运行人员也可利用箱体门侧的手动灭火按钮进行手动操作，以使灭火系统喷射。另外也可使用二氧化碳橇上的手动装置，使二氧化碳系统喷射。

三、火焰探头逻辑

3个火焰探头安装在燃气发生器箱体内。

(1) 1个探头报警：报警。

(2) 2个探头报警：机组紧急停机，二氧化碳喷射。

(3) 1个探头失败：报警。

(4) 2个探头失败：报警。

(5) 1个探头失败，1个报警：报警+故障报警。

(6) 2个探头报警，1个失败：机组紧急停机，二氧化碳喷射。

(7) 2个探头失败，1个报警：机组紧急停机，二氧化碳喷射。

(8) 3个探头失败：报警。

四、温升探头逻辑

2个温升探头安装在后舱内。

(1) 1个探头报警：报警。

(2) 2个探头报警：机组紧急停机，二氧化碳喷射。

(3) 1个探头失败：报警。

(4) 2个探头失败：报警。

五、二氧化碳喷射程序

当温度探头或UV探头检测到火灾已经发生时，则二氧化碳灭火系统开始喷射，程序如下：

(1) 机组不增压停机执行，并被锁定4h。

(2) 箱体通风电机切断。

(3) 箱体上的报警喇叭响。

(4) 箱体上的二氧化碳状态板上的红色信号灯亮。

(5) 箱体上的红色信号灯亮。

(6) 30s延迟后，灭火剂就会喷射到箱体内。

(7) 灭火剂排放后，控制面板上会有一个已经喷射的信号。

六、压力排放探头

灭火剂排放压力由压力开关检测，如测出排放高压力，则下列程序被执行：

(1) 机组紧急停机，箱体通风电机切断。

(2) 箱体上的报警喇叭响。

(3) 箱体上的二氧化碳状态板上的红色信号灯亮。

(4) 箱体上的红色信号灯亮。

(5) 30s延迟后，灭火剂就会喷射到箱体内。

(6) 灭火剂排放后，控制面板上会有一个已经喷射的信号。

第九节　空气入口过滤器

过滤器过滤进入燃气发生器和箱体的空气。在过滤器入口处安装有6个可燃气体探头，用于探测进口处的可燃气体含量。如果其中有三分之一表决逻辑探测到有可燃气体的存在，就会发出报警；如果有三分之二表决逻辑，机组停机。只有在没有检测出可燃气体的情况下机组才允许启动。

第十节　燃气轮机辅助系统

燃气轮机包括以下辅助系统：
(1) 进气系统。
(2) 排气系统。
(3) 点火系统。
(4) 调节控制系统。
(5) 变几何控制系统。
(6) 测量系统。

一、进气系统

燃气轮机是一种空气消耗量非常大的热力发动机，从大气中吸入的空气，进入压气机加压，送到燃烧室与燃料混合燃烧产生高温燃气，而这种高温燃气就是燃气轮机做功用的工质。燃气轮机做功能力的大小与吸入空气量的多少成正比。进气流动阻力会影响机组的出力和效率。吸入压气机的空气必须相当干净，否则会损坏机件和降低机组寿命。进气系统就是要在低的阻力下为压气机提供清洁的空气。要保证进入压气机的空气平均年残尘含量不超过 $0.3mg/m^3$ 的要求，因此进入压气机的空气必须进行过滤。

空气进气系统的目的有两个：提供燃烧空气至燃气发生器；提供通风空气到箱体，以冷却燃气发生器和动力涡轮。

大空气量，低阻力，使进气系统不得不做得相当大，它就成为燃气轮机装置的一个庞大的头部。

进气系统的阻力损失对机组性能有明显的影响，一般认为进气损失增加 1%，机组出力下降 2.2%，热耗增加 1.2%，对于轻型燃气轮机，进气损失每 $100mmH_2O$，功率下降 1.6%，热耗增加 0.7%。

根据机组所在地区的实际情况来考虑进气系统，如寒冷地区要防冰霜，沿海地区要防盐雾，多风沙地区要除沙等。另外进气系统必须考虑消音措施，防止压气机运转时高频噪声的气播扩散。

进气系统安装有脉冲自清理空气过滤器，可用于不同工质。高效过滤滤筒在正常运行时可以用压缩空气按顺序脉冲吹扫进行清理。

二、排气系统

燃气轮机的排气系统接受从动力涡轮做完功后排出的高温燃气(废气)。这股废气仍有相当高的温度，为 500℃ 左右，且流量相当大。

在简单循环装置中，废气直接排入大气，为了提高装置效率，利用废气余热，配置余热锅炉，可以不再消耗能量而获得适当参数的蒸汽或热水，用于发电或生活生产用热水。

排气的压力损失对机组的性能亦有一定影响，但比进气损失的影响要小一些。通常认为排气损失增加1%，功率下降1%，热耗增加0.5%；亦可这样估算，排气损失100mmH$_2$O，功率下降0.7%，热耗增加0.7%，排气温度上升。因此降低排气系统的压力损失仍是一个基本要求，同时亦要考虑适当的消音措施。

燃气轮机的排出物含有燃烧产物，包括氮气、氧气、二氧化碳和水蒸气等，这些不是空气污染物。在排烟中还有少量的污染物，包括氧化氮、氧化硫、一氧化碳和未燃尽的碳氢化合物、微粒和可见烟，这些都有污染环境的作用。

氧化氮是指一氧化氮和二氧化氮的总称。氧化氮是由在燃烧室中空气中的氧气和氮气氧化，以及由燃料中的氮的化合物氧化而成的。氧化氮的浓度随燃烧室温度的增加而增加。为增加机组的功率和提高效率，氧化氮的排放量也会增大。为此，在大功率机组中氧化氮的排放成为环境保护必须注意的一点。抑制氧化氮量的措施有：采用混合型喷嘴，注水或水蒸气。

可见烟是由燃烧室富油区中产生的亚微型炭粒组成，它与燃料性质和燃烧室的结构有关。此外排烟还受外界条件如大气压、湿度等影响。烟的可见度与许多因素有关，它受下列因素的影响：烟粒的尺寸和数量、其他可见成分的存在、排烟的数量和速度、烟囱的高矮、大气条件和背景、烟柱、观察者和阳光间的视角等。

排气系统由动力涡轮排气蜗壳、排气管道、消音器等组成。排气蜗壳是由发动机制造厂负责生产的，由于排气蜗壳中的气流流动现象十分复杂，至今尚未有一种可靠的理论设计方法，基本依靠空气动力学的实验研究方法。

排气蜗壳由扩压器和集气壳组成。扩压器是主要元件，其作用是将动能尽可能多地恢复成压力能，并使进出口均匀流动。通常燃气轮机使用的是轴—径向混合式扩压器。轴向段实现压力恢复和均匀气流，径向实现气流90°转向，为集气壳汇集创造条件。集气壳将扩压器环形面出来的气流汇集到一个或两个方向将气流排向预定的方向。

排气蜗壳在有限的尺寸内要有良好的气动性能。对排气蜗壳来说最大的制约是轴向长度和径向宽度。排气管往往成为燃气轮机庞大的尾部，其轴向长度常达燃气轮机全长的三分之一以上，而宽度又比燃气轮机其他部位大一倍以上。

在简单循环中，排气蜗壳出来的废气经排气烟道直接排入大气，要求排出的废气不会再被进气系统所采集而吸入，且烟气的热辐射不影响其他建筑物。烟道要求足够的尺寸以减少流动损失。

在有余热锅炉的联合循环中，排气蜗壳出来的气流被引入余热锅炉，要求气流能均匀进入锅炉内，使炉膛内有均匀的温度场。为了减少流动阻力，不致严重影响燃机的效率和出力，炉内气流速度亦不得不取得低一些，所以余热锅炉的尺寸往往就很大。在进出余热锅炉时，配有扩张段和收缩段，使之能与排气蜗壳、与烟囱合理配合。使用余热锅炉时，由于其中管排的作用，可不再配置消音器，但最好配置防雨帽。

三、点火系统

当启动时，启动器将燃气发生器带到一定转速，触发点火系统产生一个高能量的火花，由此火花引燃在燃烧室中的燃料—空气混合物，产生高温燃气。

点火系统配有一组或两组点火激发器（点火线圈）、点火导线、火花点火器（火花塞）。一旦点火成功，燃烧室中的燃烧稳定后，保持连续燃烧就不再需要附加点火。因此火焰探测器测得燃烧稳定后，点火系统就自动退出工作，一直到发动机停机。

点火激火器是电容放电式，一般安装于燃气发生器下部，并固定在吸收冲击和振动的专用支座上。激发器由输入、整流、放电和输出等电路组成。

输入电路有一个滤波器用来防止射频干扰（RFI）（在激发器内发生）的反馈和防止输入电磁影响（EMI）（外部发生器），一个电源变压器用以升高整流电路的电压。

整流（全波）电路包括有二极管（对高压交流电流进行整流）、电容器（布置成电压倍压器形式）。振荡回路电容器把整流电路中所产生的直流电压储存起来，直到产生要求的电压，在放电电路中达到火花间隙击穿点为止。

放电回路包括火花间隙、高频电容器、电阻器和高频变压器。当火花间隙被击穿时，电流（由振荡回路电容器部分放电所产生）经高频变压器与高频电容器一起，在输出电路产生高频振荡。这些高频振荡使点火器火花塞的槽形火花间隙产生电离作用。此时，对于振荡回路电容器的总放电存在一个低电阻路，产生的高能火花用来点燃燃烧室内的燃气。火花发生率是由总整流电路的电阻来确定的。后者控制着充电线路的阻容（RC）时间常数。

火花点火器为表面火花间隙式，有内部的空气冷却和通气通路，以防止内部通路积炭。点火器有一个安装法兰和与之相连的密封铜垫片。在头部的外表面有槽洞，在里面有轴向孔，以使压气机抽气从而冷却内外电极。

点火导线是点火激发器与火花点火器之间的低损耗接线。它们是具有金属屏蔽的同轴电缆，金属屏蔽是由铜质内编织线、密封的挠性导管和镍质外编织线组成。

当干燥时为8500V和潮湿时15000V的条件下，表面火花间隙将起电离作用，穿过火花隙的放电能量是2J。该能量级是致命性的，因此火花激发器、导线、点火器输出端切勿与之接触。

点火激发器不断进行工作循环，间断性地发射出火花。

四、调节控制系统

燃气轮机调节控制的目的是使机组在运行过程中保持某一参数基本不变。在压缩机组中此参数为转速，因此保持转速就是调节控制的目标。根据转速的变化趋势来进行燃气轮机的调节是基本出发点。当转速小于额定值时，意味着负载变大，燃机出力不够，此时应该增加燃料量使燃机加大出力，从而恢复到额定转速。反之应减少燃料以减小出力，从而使转速回复到额定值。燃气轮机的自动调节控制系统就是在运行过程中能自动地跟踪调节，保持机组稳定工作。

五、变几何控制系统

变几何控制系统包括变几何(VG)液压泵和电液可变定子叶片(VSV)伺服阀装置。液压泵和电液可变定子叶片伺服阀装有发动机的转矩液压随动系统(用于以指定压力传送液体)和两个带有完整线性可变差动变压器(LVDT)的可变定子叶片的制动器[用于向发动机外部的电气控制系统(ECU)提供反馈位置信号]。变几何液压泵为固定—位移设计，它可以向可变定子叶片伺服装置提供加压液压油，用于向制动器提供液压油。

可变定子叶片是高压压气机定子(HPCS)的主要部分，包含入口导流叶片(IGV)，2个可变定子叶片制动器和转矩轴，传动环和用于每个可变定子叶片级的不可调节联动装置。

入口导流叶片和可变定子叶片的位置由控制系统向伺服阀的电流输入量确定。入口导流叶片装置位于高压压气机(HPC)的前部，并且与可变定子叶片机械地连接起来。它允许在部分能量的情况下进行流动调节，从而增加发动机功率。控制装置设计用于线性可变差动变压器的激发和信号调节，并且用于控制入口导流叶片和可变定子叶片的位置。对伺服阀的入口导流叶片启动器位置进行闭合循环调度。

可变定子叶片控制系统可以检出燃气发生器速度(NGG)和压气机入口温度(T2)，并且确定可变定子叶片的位置。对应任一个温度和速度，可变定子叶片都有一个位置，并且保持在那一位置直到燃气发生器速度或压气机入口温度改变。

液压泵由主润滑油泵提供润滑油，所有回油都会回到燃气发生器润滑油泵的高压(HP)端。

可变定子叶片制动器收到来自可变定子叶片伺服阀的高压油，用于移动可变定子叶片，两个制动器的移动通过转矩轴和启动环传送给单独叶片。

带有完整的线性可变差动变压器的可变定子叶片制动器将实际叶片位置信号传送到外部的控制装置。

在液压损失的情况下，可变定子叶片伺服阀将会关闭可变定子叶片。

六、测量系统

在工程技术中，为了了解和掌握工艺过程的现象和规律，在研究客观事物质和量的关系过程中都离不开参数的测量。

测量是一门专业研究有关参数的测量方法和测量工具的技术。参数测量的作用主要有两个：一是确定事物的内在本质，评判事物质量；二是进行动态监测确保事物稳定发展，不发生事故。

参数的测量基本可分为直接测量和间接测量。直接测量法是用预先标定好的测量工具来直接测出被测参数的大小，如用尺量长度、用秤称质量等。间接测量法是通过未知量与若干个参数间的关系式，在分别测定各个参数之后，最终按关系式来确定被测量的大小，如用时间和长度测量来确定速度等。

燃驱压缩机组为了确定性能，保证安全运行和确定维修间隔，需要监测的参数有：温度、压力、振动、转速、流量、液位、火焰、启动次数和运行小时数。

第十一节　其他辅助系统

一、干气密封系统

干气密封系统的功能是为机械密封提供合格的介质气，包括进口管路、过滤器、加热器、流量计、排气管路及各种监测仪表。其中进口管路有两条，分别是压缩机出口、压缩机出口阀下游，这是为了保证在任何情况下都有密封气供应，以保证机械密封不受损害。过滤器的作用是去除气体中的固体、液体杂质。加热器安装在过滤器上游，保证进入机械密封的天然气和机械密封的温度一致，避免产生温度应力，损害机械密封。流量计用于检测密封气的排气量是否在规定范围内，流量过大说明机械密封已经失效，流量过低会造成机械密封温度过高，缩短使用寿命。

二、油雾分离系统

润滑油油雾分离器结构如图5-1所示。实物如图5-2所示。

润滑油油雾分离器安装于箱体右上方支架上，分离燃气发生器润滑油系统离心通风器排出后经通风系统冷却后的油气，并将分离出的润滑油返回润滑油箱。

三、放气、防喘振系统

由于离心压缩机喘振的危害性很大，运行中应严格防止发生喘振。防止喘振的措施如下：

（1）离心压缩机应备有标明喘振界线的性能曲线。为了保证安全，亦可在比喘振线的流量大出5%~10%的位置上加注一条防喘振警戒线，以引起操作者的注意。最好设置测量与显示系统，用屏幕随时显示工况点的位置，严格注意工况点接近喘振线。

（2）在离心压缩机进口安置流量、温度监测仪表，出口安置压力监测仪表。该监测系统能与报警、调节和停机联动，一旦进入喘振能自动报警，开大节流阀门或紧急停车。

（3）降低转速，可使流量减少而不致发生喘振。

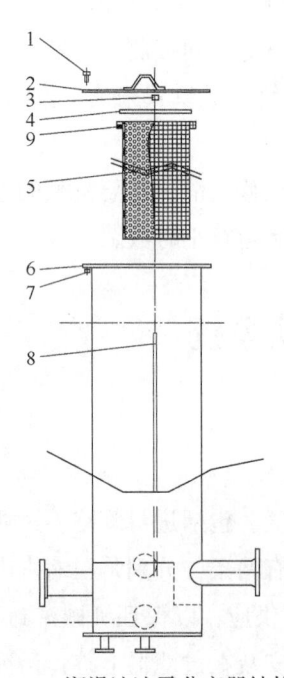

图 5-1　润滑油油雾分离器结构图
1—螺钉；2—盖；3,7—螺母；4—滤芯盖；
5—滤芯；6—容器；8—拉杆；9—滤芯吊耳

图 5-2　润滑油油雾分离器实物图

（4）在离心压缩机出口并联一条放空管路或设置出口与进口连通的管路。例如在生产中需要输送过小的流量时，离心式天然气压缩机中仍保持较大的流量而不发生喘振，多余的流量让其放空或返回，宁可多消耗功率也要保证不发生喘振。

（5）在各级前设置可调叶片角度的导流器，或让各级叶片扩压器的叶片可调节角度，以使流量减小时，冲角不致太大。

（6）操作者应了解离心压缩机的性能，熟悉各种监测系统和控制调节系统的管理与操作，尽量使机器不致进入喘振状态。一旦发生喘振应立即停机，并经开缸检查内部无隐患时，方可再开动机器。

只要备有防喘振的措施，特别是操作人员认真负责严格监视，则能防止喘振发生，保证机器安全运行。

四、防冰系统

燃气轮机在冷和潮湿的环境下运行，进气道周围会形成冰，而脱落的冰块会严重打伤压气机叶片，防冰系统喷入热空气流到入口用于防止结冰。本系统可以探测周围的温度，当环境温度低于-4.4℃时，输出热空气使压气机进口温度高于10℃。防冰系统分成两个部分：探测结冰的条件、热空气输出到压气机进口。

防冰系统的流程：当温度传感器探到有结冰的可能，防冰系统使防冰电磁阀得电，防冰流量控制阀在仪表气的作用下打开，温度控制阀打开，从燃气发生器某级抽气孔来的防冰热空气通过管道进入燃烧空气进口管道中。

五、电动机控制中心系统

电动机控制中心（MCC，Motor Control Center）控制柜，也称马达控制中心。

电动机控制中心由一个或多个低压开关设备和与之相关的控制、测量、信号、保护、调节等设备构成，是由制造厂家负责完成所有内部的电气和机械的连接，用结构部件完整地组装在一起的一种组合体。MCC专指控制电动机的一种控制柜，看起来像很多抽屉的柜子，每个抽屉就是一个电动机的控制回路，正反启停、状态指示、主回路全部都在抽屉中。

软启动MCC控制柜由以下几部分组成：（1）输入端的断路器；（2）软启动器（包括电子控制电路与三相晶闸管）；（3）软启动器的旁路接触器；（4）二次侧控制电路（完成手动启动、遥控启动、软启动及直接启动等功能的选择与运行），有电压、电流显示和故障、运行、工作状态等指示灯显示。

六、余热锅炉

余热锅炉也称废热锅炉或热回收发生器。从工作原理及系统结构来看，基本上与普通工业锅炉相同。余热锅炉可以分为以下四种：

（1）按有无燃料使用，可分为无补燃和有补燃两类。无补燃时所产生的蒸汽最高温度总是低于烟气排放最高温度；而为了获得更高的蒸汽温度，需采取补燃的方法补燃。即在余热锅炉中补充一部分燃料燃烧，从而获得更高的蒸汽温度。

（2）按热部件布置可分为立式和卧式两类。卧式余热锅炉是将锅炉各单元如过热器、蒸发器、省煤器等按顺序水平布置。立式余热锅炉则是将热部件顺序叠置，可减少占地面积而增加了设备高度。

（3）按蒸汽压力等级分配可以分为单压、双压或多压余热锅炉。

（4）按工质（水和汽水混合物）流动情况，可分为自然循环和强制循环余热锅炉。

第六章 压缩机组操作

学习范围	考核内容
知识要点	压缩机组运行的操作条件
	压缩机组的操作规定和运行管理
操作项目	压缩机组运行的工艺流程操作
	SIEMENS RB211-24G 型燃压机组基本操作
	SOLAR Titan130/C45-3 型燃压机组基本操作
	离心压缩机组操作步骤
	GE PGT25+SAC/PCL800 燃压机组基本操作
	压缩机组的检查和检测

　　本章介绍燃气轮机压缩机组的运行要点和操作要求，运行压缩机组时各辅助系统操作必备条件，各类压缩机组的基本操作要求。以期读者掌握压缩机组的启动、运行、监控、停机要领，各类压缩机组的工况调整和基本参数。

第一节 压缩机组运行的操作条件及工艺流程操作

一、压缩机组的启动准备

　　压缩机组的启动准备工作是运行中的重要步骤之一。压缩机组启动前，必须完成一系列准备工作。压缩机组可能是从下列状态下启动："热备用""备用"。

　　压缩机组处于"热备用"状态时，不需要进行准备工作，只需要将压缩机组保持在预启动状态，即保证按下"启动"按钮就能迅速启动。

　　处于"备用"状态的压缩机组，在接到指示后，根据压缩机组的类别，可以在 1.5~2h 后完成启动，这是润滑油加温、检查阀门控制元件的状态和供电电压等必不可少的时间。

(一) 中、大型修理后的压缩机组启动准备工作

对于中、大型修理后的压缩机组，在准备启动时，必须要完成的准备工作包括：

(1) 对设备进行外部检查，确认没有无关杂物，要特别注意确认没有可燃物品。

(2) 检查压缩机组的进出通道(天然气和空气通道)和空气储备室不能有无关的杂物，检查过滤器在吸入口上可靠固定情况。

(3) 对润滑油进行检查分析，检查润滑油在油箱和溢流装置中的液位。

(4) 确认油箱中的油温一般应保证25℃以上，必要时加温。

(5) 检查压缩机组的支座、管道支座及补偿器、通风、通信、基座固定螺栓、锁子、压缩机组外壳温度膨胀控制装置、空气通道和天然气通道的状况。

(6) 检验压缩机组管道系统截断阀的情况，需要打开的阀门确保处于打开位置，需要关闭的阀门确保处于关闭的位置。

(7) 确认有害气体含量监测系统、消防系统和手段已准备处于动作状态。

(8) 在外部空气为-5~3℃时，需接通防冰冻系统。

(9) 检查所有维修文件是否存在及文件编制情况。

(10) 确认燃料气和启动气已具有必需的压力，以便打开阀门时向截断阀输送脉冲气。

(11) 给控制系统提供操作电压，给装置的其他系统和设备供动力电压。

以上是压缩机组大修后按一定的顺序必须完成的启动前准备工作。但是，每台压缩机组因其本身的结构和工艺特点来讲，都有专门的要求。例如，对集装箱式和单元式压缩机组来说，启动前必须对吸气加压和排尘通风器的工作进行检查，将发动机间隔仓加温至5℃等。任何情况下，启动前的准备工作都要按专门的工艺卡片进行。这些工艺程序会考虑压气站上压缩机组及其系统的所有特点。

(二) 压缩机组保护系统和报警系统的检查

按照厂家的使用指南完成准备工作之后，必须通过综合试验或模拟试验来检查压缩机组的保护和信号系统。防止燃气涡轮机和压气机出现不允许的工况，是压缩机组自动调节系统重要功能之一。保护系统在压缩机组启动和停车时起到保护作用，在工作过程中为恢复正常工况也是不可少的。在事故工况下，该系统会将装置停机并向值班人员发出事故警报。保护系统设施可防止压缩机组受损和在出现危急状态时保证值班人员的人身安全。所有保护系统的动作都独立于控制系统，为的是保证当控制系统出现问题时，防护系统也能够正常工作。在出现危险情况时，要迅速关闭涡轮机并将压缩机组停车，这要用截断阀终止向燃烧室供给燃料气，并打开放空阀将空气从燃气轮机的压气机中放空。燃气轮机的压气机的防爆保护要用排放阀来实现，将部分空气从压气机里排掉。

燃气涡轮保护系统是在操作参数指标偏离允许范围的情况下保护压缩机组的。这些指标是指：润滑油压力、转子的轴向位移、轴承温度、"润滑油—天然气"压差、燃烧产物的温度、燃料气的压力、转子的转速、轴承振动、燃烧室熄火、违背了给定的启动操作顺

序、压缩机组停留在禁止的转速区内、压气机喘振等。

除了燃气涡轮机组的自动(控制)系统和保护系统外,还有整套实现就地控制的压缩机车间的自动化监控设施,对车间的设备和压气站的工作进行监测和保护。这一整套设施包括全站的保护系统:

(1) 防止车间或输气装置外罩内天然气浓度过高。
(2) 在出现事故时对压气站进行保护,将压气站停机。
(3) 输气装置车间或外罩的消防保护。
(4) 压气站出口压力保护。
(5) 压气站出口天然气高温保护。
(6) 除尘器、分离器和其他设备中的高液位保护。

当保护设备损坏(不论是电动、液动或气动)和出现保护信号时,要将压缩机组紧急停机。例如,某压缩机组由极限保护机构来实现紧急停机,它包括制动阀、与电保护系统接通的两个电磁阀、两个备用安全自动器。备用安全自动器在涡轮膨胀机轴和低压涡轮机轴的转速达到极限允许转速时,或者由于手触动了控制按钮的时候动作。在事故状态时,上述装置之一将从极限保护线路上将空气排放出去,压力降低,制动阀停止向燃烧室供给燃料气,同时调节阀也关闭。燃气轮机的压气机的排放空阀完全打开,这样涡轮机就迅速停运了。

二、压缩机组的运行保护

(一) 润滑油压力保护

润滑油压力保护在涡轮机组压气机的润滑油系统里的油压低于规定值(如$<0.2\text{kgf}/\text{cm}^2$)便自动停止压缩机组的运行。润滑油的压力太低,会破坏润滑条件并造成输气装置轴承破坏。因此必须检查润滑油保护系统是否接通。压力一般用电接触式压力计进行测量。当轴承润滑油的压力下降时,压力计的指针接通接触器,通过继电器向主控制板发出"润滑油压力报警"信号。在发出报警信号的同时,将备用润滑油泵启动,以保证润滑油系统的压力不低于$0.4\text{kgf}/\text{cm}^2$。

(二) 防熄火保护

压缩机组正常点火时,光继电器的光敏元件监测燃烧室中是否有火焰,如监测到有火焰,将允许压缩机组继续按顺序启动。在相反的情况下,如没有监测到火焰,则停止供给燃料气,以防止燃料气在涡轮机内积聚,以排除爆炸的可能性。

在运行中监测到燃烧室熄火的情况下,立即终止向燃烧室供给燃料气,从而排除未燃尽的燃料进入涡轮机排气管的可能性。因为在排气管中可能会因燃料气与热表面接触而发生第二次燃烧,对值班人员和设备均造成危险。

该保护系统在打开断流阀和调节阀时接通。在检查保护系统动作时,给光继电器供电之后，来自光继电器的脉冲事故保护系统动作。这时，极限保护线路上的电磁阀应动作，断流阀和调节阀应打开，事故信号"熄火"接通。

(三) 转子轴向位移保护

当轴向位移保护系统中的润滑油压力增高至设定值时，该系统动作，并停止压缩机组运转。当发生轴向位移时，压缩机组的转动部件与非转动部件有可能发生夹卡，压缩机组的某些单个部件可能会损坏。

润滑油(空气)通过直径为3mm的孔板流向动力涡轮和压气机的轴向位移继电器盘，并通过位移继电器和压缩机组轴上的止推盘之间的间隙流出。在电接触式压力计上的润滑油压力应为 $1.2 \sim 1.8 kgf/cm^2$（在气液调节系统时空气的压力应为 $0.3 \sim 0.9 kgf/cm^2$）。

当转子出现轴向位移时产生的润滑油压力变化，由保护系统的电接触式压力计来测定。压力计上的触点应在润滑油压力升高到 $3 \sim 3.5 kgf/cm^2$（或空气压力超过 $1 kgf/cm^2$）时动作，这时在主控制板上给出"轴向位移事故"报警信号。

(四) 压气机腔内密封润滑油和天然气之间的压差保护("油—气"保护)

为防止天然气从压气机沿着轴向流入机器仓，压气机必须采用密封系统。为达此目的，将比压气机内天然气压力高出 $1.0 \sim 1.5 kgf/cm^2$ 的润滑油压入与压气机轴承支撑轴互相组合在一起的端面密封处。

为维持润滑油和天然气之间稳定的压差，使用压差调节器。借助压力差动继电器来实现"油—气"压差的保护，此装置有一套电动联锁机构，在压差降低时，自动将密封装置的螺杆润滑油泵切换到备用，在压差完全消失时，切断压气机与气管道的联系，并将压缩机组停车。

因此，在检查"油—气"压差保护系统时，要检查备用泵的状况，即在摘开密封装置螺杆润滑油泵时要接通备用泵。在关闭两台密封装置的螺杆润滑油泵时，经过给定的保持时间后，根据密封装置内的压差，保护系统应动作。这时，相应的阀门应关闭，在主控制板上的"油—气"压差事故警报信号应接通。

检查压差调节器的工作时，应观测润滑油的压力在任何时间内都应比天然气压力高 $1.0 \sim 1.5 kgf/cm^2$。在密封装置的螺杆润滑油泵关闭时，密封装置的阀门不能用扳手打开，要根据接通压差保护装置的信号来打开。

在检查输气装置的保护和警报系统时，必须对压气机密封装置润滑油系统进行加压。在泵的最大工作压力为6.4MPa时，在密封装置螺杆式油泵总成中的安全阀的最大允许压力应限制在8.0MPa。当密封装置的螺杆润滑油泵的最大压力为7.5MPa时，安全阀的最大压力可调到8.8MPa。

除此之外，必须检查储能器里润滑油水平的低压保护系统、"油—气"密封保护系统、压气机阀门组的工作情况。

(五) 燃烧室高温保护

在正常运行条件下，天然气的温度通常靠调节燃料消耗来维持。但是，当调节系统出现不正常的情况如压气机喘振时，燃料供给量会高出给定的标准，这可能导致叶轮的磨削部位烧化、叶轮装置破坏和其他严重后果。如气体的温度继续上升，那么保护系统就要将压缩机组停机。

保护系统应设计成涡轮与气体温度调节系统无关的一套单独的系统。气体的温度由安装在低压涡轮之后或高压涡轮之前的热电偶测量。气体温度保护系统线路中的二次仪表可采用电位计和温度保护自动装置。

(六) 高压涡轮、低压涡轮和涡轮膨胀机转子转速升高的保护

转速升高保护系统的功能是保护燃气涡轮不受高压涡轮、低压涡轮和涡轮膨胀机轴的转速超过最大转速而可能引起的损坏。当转速升高时，可能会造成叶片断裂、换锁件和圆盘破坏，以及出现轴向位移、轴承和燃气涡轮壳体零件的破坏等情况。

要防止燃气涡轮装置转子转速高过允许值，可采用不同的安全自动装置。低压涡轮轻型提速转子有两个安全自动装置：离心式(机械式、摆锤式)和液压式。涡轮膨胀机也有摆锤式自动装置。高压涡轮转子的超转速保护通过主润滑油泵的油压来实现。

(七) 轴承温度保护

轴承温度保护系统在温度高出所允许的范围时发出预警和事故信号。温度过高可导致轴承损坏、轴衬巴氏合金的熔化、轴向位移和振动加大等。

轴承温度保护借助于安装在主轴承轴衬和止推轴承垫板上的小型铂抗阻温度计来实现，此温度计与电桥接通，电桥对轴承温度进行计量和调整，并且向主控制板发出警告(75℃时)和事故(80℃时)的报警信号。

(八) 压缩机组振动保护

压缩机组振动保护借助于分布在输气装置轴承壳体上的传感器来实现。振动在三个方向上测量：垂直的、横向的和轴向的。信号来自压电传感器。振动增高会造成润滑条件破坏和轴承损坏、转动零件夹卡死或其他事故。压缩机组一般设有两种振动水平。

(1) 在压缩机组的振动数值达到第一振动水平时，如信号在振动速度值达到时，警告信号系统接通。

(2) 在压缩机组的振动数值达到第二振动水平时，如在振动速度值达到时，事故信号接通，压缩机组停车。

除上述基本保护系统外，还使用下列其他系统：

(1) 压缩机组油箱中润滑油最高液位和最低液位保护。

(2) 自动停车按钮的事故停车保护。

(3) 燃料气压力保护。

(4) 防止涡轮压缩机轴在共振转速范围运行的保护。

(5) 增压机喘振保护。

(6) 压气机吸入处放电保护。

当压缩机组准备启动时，应按照相应的技术运行规范规定的检验程序对保护系统进行检查。检验工作应由值班工程师、自动化仪表工程师、机械操作工、自动化控制仪表工作人员组成的委员会进行，并形成专门的保护系统交接备忘录。

三、压气站工艺管线的液压试验

管线和设备安装完成后，在将其投入使用前或在其运行过程中，必须对其强度和密封性进行试验。对压气站管道和设备进行试验的主要工作包括：

(1) 准备工作。

(2) 管道和设备的注水。

(3) 加压到试验要求。

(4) 强度试验。

(5) 降压到工作压力。

(6) 密封性试验。

(7) 将压力降到 0.1~0.2MPa。

(8) 测试段的排水。

(9) 管道的排水。

(10) 将测试段与现有管道系统连接。

准备工作包括：

(1) 确定电力线圈安装位置，接通试压压缩机组并放水。

(2) 设立安全区。

(3) 准备安装试压压缩机组的场地。

(4) 安装试压压缩机组及管道的回线。

(5) 准备水源。

(6) 准备事故维修服务。

(7) 准备通信系统。

(8) 准备放置设备和人员居住的地方。

(9) 管道测试段的排气。

(10) 将管道测试段与现有流程用球状螺塞(盲板)断开。

(11) 将试压压缩机组和管道与测试段连接；安装压力计和温度计。

当将管子及其配件以及管接头组装，固定在支座上后，就要对其进行试验。同时检测的还有除尘器、过滤分离器、气体空气冷却器、气体加热器、吹扫储压罐、燃料和启动气管道。

检查所附的技术文件是否成套和正确,与辅助设备(增压机、气体空气冷却器、闭锁部件、分离器等)的技术合格证书、说明书是否相符,并将已安装好的管道与安装流程图进行比较,检查管子各端、法兰、配件、焊接接口和焊工检验印记的序号。

检查配件(按气流和其转动方向)、法兰、单向阀和支架零件等安装是否正确。绘制工艺流程图,列出将进行试验的设备和管道的清单,并根据工作压力将管道及其设备分成不同的试验段。液压试验一般在 0℃ 以上进行,水的温度一般要在 5℃ 以上。试验过程中容器壁、管道和周围空气温度的下降等情况不应导致壁表水分的凝结。在使用防冻液的情况下,液压试验也可在室外温度 0℃ 以下进行,为此可采取以下措施:

(1) 将暴露部分用帆布盖上,并安装电热器。
(2) 使用液体试验管道在何种温度下凝结。
(3) 只有采取规则中明确的专门的工艺,方可在低于凝结温度下进行试验。

管道注水(试验)的水源来自压气站的供水系统。在管道注水后,空气的排出通过专门的放气管。这时试验系统的试压压缩机组的压力可达 $p_{操作} \approx 1.25 p_{工作}$。液压升高的幅度要严格按照液压试验操作规程。

车间之间的管道及球阀关闭装置、空气冷却器、除尘器、过滤分离器和离心压缩机等出厂时,均接受过压力试验,压力值各不相同。因此在进行试验时,可采取参试对象中使用的最低工厂试验压力,检查各个级别的密封性的压力值。计量点与强度试验点相同。在试验压力状态下进行的各种等级管道的强度液压试验,持续时间为 24h。检测泄漏情况的时间最少要 12h。

如在液压试验过程中压力计的显示没有任何变化,则说明管道通过了该项试验。管道经过强度试验后,就要使压力变到最大工作压力,以对其进行密封性试验。如发现泄漏,则要将管道或设备的相应部分中的水排出,对其进行更换或是修复,然后再充水,以继续进行密封性的检测。

如在试验过程中压力计未出现压力下降的情况,同时在焊接、法兰连接处、设备机身均未发现有泄漏或是出汗的现象,则说明管道通过了密封性试验。液压试验结束后,压气站管道和设备的水可以通过自流,或通过充空气或天然气排水。

在向管道充天然气时(通常在压气站管道和设备的二次试验中利用这种方法),输气地方的压力不应超过 0.1MPa。在管子出气口处装有空气或是天然气湿度传感器,可通过观察仪器显示的变化检测排水的情况。管道水排出后就可拆除试压试验和接合处使用的部件、仪表和设备。

目前为确定焊接接合处及管道的金属是否有质量问题,在进行液压试验时开始使用声音放射法。声波可以使测试薄板变形或是被破坏(出现裂缝),而声音放射法正是根据对上述现象进行分析而总结出来的。这种方法根据故障对设备产生的不同影响,形成对故障的分类,及对设备状况进行评估的体系。声音放射法的目的是:

(1) 寻找、确定并跟踪不合格焊接连接处和管道次品部位的声音放射源。

(2) 判断故障发展的程度，及其对检测对象的破坏程度。

在液压试验时要特别注意以下方面：根据相应的文件，对连接试压压缩机组的临时管道进行 6h 的液压试验。压力检测借助于压力计，要注意其测量精确度；压力计安装在测试对象的最低点，并要针对不同的标高对压力计的示度进行校正。根据管材、关闭装置和设计的地下容器的出厂证明、质量合格书和地面设施情况对压力计进行校正后；如压缩机的进口和出口短管有法兰连接，则其在压气站条件下不做强度液压试验，对于某些压缩机，要在进出口的法兰部位安装动力盲板。如其进口与出口短管在结构上不可分，则在进行试验时要将孔板拆除，并用特制的盲板将夹层空堵住。

上述压缩机的密封性试验是在启动调试工作中进行的。

四、压气站的启动调试

(一) 准备工作

在进行启动调试工作之前，应首先完成主要及与其相关的辅助设备的安装，其中包括：

(1) 压缩机组。

(2) 工艺、燃料、启动、脉冲气(传动气)的管道。

(3) 压缩机车间、润滑油管道、泵站、润滑油储油罐和油回收系统。

(4) 压气站的关闭装置。

(5) 工艺气的净化和冷却系统。

(6) 处理启动、燃料和脉冲气的站场装置。

(7) 油冷却系统。

(8) 检查测试仪表、动力电缆和配电盘。

(9) 主要和辅助设备的电源保护装置(蓄电池及其他不间断供电装置)。

(10) 自动继电器及保护装置。

(11) 压气站的供电设备。

(12) 消防及日用供水系统及泡沫和碳酸气灭火系统，排风、加热、给排水及照明系统。

(13) 通信设备。

(14) 阴极保护站、接地和防雷电装置。

压气站的设备和工艺管道在安装之后，要将气管道内的脏物(如泥、铁锈、毛边)及异物(如电极等)清除干净。

压气站的气管线和设备，例如，进气和增压管道(从接口到除尘器和天然气冷却器)，压气站的通气和排气管道，连接车间的工艺管道，离心压缩机，天然气冷却器，气体加热器、工作压力下的容器(除尘器、过滤分离器、储压罐和吸附器)、燃料、启动、脉冲气的管道等。对上述设备进行安装之后，在启动调试工作之前应用液压手段，对其进行强度和密封性试验。

(二) 启动调试工作

液压试验后，对工艺管道和设备不仅要吹干，还要进行彻底的清洗。启动调试工作包括：

(1) 调试压缩机组机械、电路和检查测试仪表等系统。

(2) 调试场内外供电和电力设备体系。

(3) 调试工艺气处理系统(除尘器、过滤分离器、冷却器)。

(4) 调试包括保护开关在内的压气站天然气管道的关闭和调节系统。

(5) 安装在压缩机组开关及除尘器、天然气冷却器之前的工艺管道吹干、注气。

(6) 吹洗并检查冷凝液排除线的密封性，并对该系统进行调试。

(7) 调试燃料、启动、缓冲气处理装置及自用气减压室。

(8) 调试整个站场润滑油储存和回收系统及油泵、油储存和油处理装置，油的空气冷却器，准备供油系统的油道，向由储油罐到压缩机组的整个站场的油系统注油，向压缩机组的油管道注油。

(9) 调试向压气站供压缩气的系统。

(10) 调试压气站站场的自动化和配电系统。

(11) 调试消防系统。

(12) 调试供热系统、锅炉房及热能利用系统。

(13) 调试供水系统。

(14) 调试给排水和清洁、泵房等系统。

(15) 调试事故及自备电站。

(16) 调试工业通风系统。

(17) 调试远距离操纵机构。

(三) 润滑油储油罐和泵站的安装

压气站启动调试的首要工作是润滑油储油罐和泵站的安装。将润滑油储油箱和泵站在压气站进行安装之后，要对储油罐进行试压，检查其密封性。试验的方法取决于罐的大小以及类型。对于容积大于 $50m^3$ 的罐，可以借助柴油和白粉，检查焊接接口处有无泄漏；而对于小一些容积的罐，可以采用注水的办法检查。检查结果的文件要由规定的公司认可，之后容器要进行外部绝缘处理。

对油罐内部使用的热能转换器要进行强度和密封性试验，对呼吸阀、指针也要进行检查，同时要对保护地线的检查结果做记录。在对油罐彻底清洗之后，就可以做储油用了。润滑油泵站进行调试的步骤如下：

(1) 用含 15%～25%的亚磷酸溶液对管道内部进行清洗,然后用高温空气将管子烘干。
(2) 清洗时使用单独的罐、离心泵和管道等特制装置进行。
(3) 检查泵、过滤器、离心机及备用油和再生油装置和储油罐。
(4) 排除由储油罐到压缩机组油段的管道泄漏,注油进行试压。

为彻底清洗上述油管的内层,要向管道内注入加热至 50℃的油来清洗离心机或过滤器内的脏油。

(四) 向压缩机组的油管道注油

向压缩机组的油管道注油,是压缩机组的车间启动调试工作的第一步。注油的目的是清洗在站场内安装的油管道,并检查油系统的所有部件的密封性和工作性能。注油的质量在相当程度上决定了轴承和齿状传动的使用寿命以及调节系统部件的安全性,因此要制定特殊的注油流程,同时根据压缩机组的类型使用螺杆泵。这一流程应保证油在管内的最大消耗和运行的速度,只有这样才可以保证油在流动过程中,将管内的沙子、铁锈和焊接毛边冲走。油温最高可达 50～70℃。

注油一般是分步骤进行的。首先是将油注到油的空气冷却器,以及轴承和调节系统(如果启动手段是用油)的围管,同时将油田压力线直接排到污油箱。然后是通过油的空气冷却器的管子将油注到轴承和调节系统的管线。最后是先将分流阀和垫圈打开,以便向调节系统注油。

注油一般采用以下四种方法:

(1) 通过滤网。该方法是通过固定在轴承前的管道上的滤网注油。滤网有两种:锥形滤网、平形滤网。它可将落入管道内的脏物过滤。如滤网污染程度高,则系统内的油压会相应升高。在这种情况下可以停泵,更换或清洗滤网,然后再继续注油。用这种方法注油后无需检查和清洗压缩机组部件。但这种方法由于注油速度慢,系统清洗的效率低。

(2) 通过没有滤网的轴承。该方法相比第(1)种要好些,因为它比通过滤网注油的速度要快得多。但是注油后对所有轴承和油系统的部件不仅需要检查,同时还需要进行清洗。

(3) 通过没有滤网展开的轴瓦。该方法更为普及,将轴瓦上半部分拔出,再将下半部分旋转 20°～30°,转出小孔,以使油能够通过小孔流到轴瓦。同时脏油不经过轴瓦,直接流入曲轴箱。

(4) 不通过滤网向轴承的管线注油。在油到轴承途中就被排到污油箱。用这种办法不需对压缩机组的部件进行检查和清洗。

压缩机组注油一般是按照以下顺序进行的:

(1) 对注油所用的油进行全面分析,并取得化学实验室关于油的使用范围的总结报告。

(2) 指定压缩机组注油的流程。

(3) 安装必要的盲板、过梁和管线。

(4) 检查注油泵、油箱和过滤器的性能。

(5) 将润滑油储油罐的油注满油箱。

(6) 排除可能漏油的地方。

(7) 检查润滑油启动油泵及其旋转方向是否正确。

(8) 记录在清洗过滤前后润滑系统的油压。

油系统包括油的净化装置：离心机、过滤器、加热器。在注油时必须保证油箱内的油温不低于50℃。在注油的同时，污染的油经离心机和过滤压力机进行净化。在注油过程中要根据油系统内的过滤器压力的变化，定期对轴承前和调节箱前的过滤器、轴驱动的平移断层继电器以及将净油箱和污油箱间的网状洁净过滤器进行检查和清洗，清洗次数保证一个昼夜不应少于一次。

当洁净过滤器的压力差在 0.15~0.18MPa 时，就要开始使用备用过滤器，并更换（或清洗）相应的过滤元件。注油时间取决于悬浮物和污染的油是否被清理干净，及油的分析结果和过滤器的干净程度。如油泵在温度在不低于50℃的情况下连续工作 7~8h，而所有过滤器仍然很干净，则说明注油的效果合格。在最后检查压缩机组的油路时，最好在轴承前及调节器前安置有纱布过滤器的滤网。如纱布过滤器上有污渍的话，则说明还要继续注油。注油结束后，油从油路进入污油箱内，并对油箱和过滤器进行二次清洗，然后可将围管和临时盲板拆除。注油结果要形成文件，并且要说明油路注入新油的工作是否已准备好。

（五）启动装置

在清洗和检查油路和压缩机组调节器等系统之后，装置可以开始启动。在安装压气站站场管道和设备及准备工艺、燃料、启动和脉冲气管道运行的同时，要对所有关闭装置进行检查。压气站的所有关闭装置上应当有：

(1) 工艺操作流程的编号及其开关的指示。

(2) 测装置两边压力的工艺压力计。

(3) 气流动的指针。

在检查和安装关闭装置时，应进行以下工作以便向工艺管道输气：

(1) 检查脉冲管汇关闭装置的力度和密封性。

(2) 排出球形阀和旋塞中的水分。

(3) 检查螺栓和螺纹连接接头，在必要时将其旋紧。

(4) 用油填充球阀开关的活塞液力缸；对于手动装置，要检查其阀板的开启位置，并借助操纵轮检查开关的工作性能。

(5) 对于液动球阀开关，要对液压系统充满液压油或其他专门液体。

(6) 检查完手动泵后，要继续借助这些泵检查球阀开关工作状况（首先是通过手动开关球阀，然后再通过动力传动）。

（7）在检查气液联动球阀的动力传动装置时，要检查其密封性，并消除液压泄漏现象。

（8）检查液力缸活塞和阀板的行程，在必要情况下调节活塞的极限位置，检查球阀开度指示与阀板的位置是否相符。

（9）在检查球阀开关调控系统时，要吹扫脉冲气管，检查干燥过滤器的吸附剂（分子筛）及拉紧系统螺纹连接的接头。

（10）校准电气联动操纵系统的密封性和工作性能，检查电路操作系统。

（11）在向脉冲气管道送气之后要借助气动和液压传动装置，检查每台球阀的工作情况，调整开关的速度及开关终端装置，即球阀开和关的状态下，电路的操纵线圈是否也处于相应的位置。

在向管道送气后应：

（1）检查球阀开关。

（2）查看密封轴、开关部件、活塞和液压传动结构杆、压缩机、接合处，在必要的条件下，更换密封装置。

（3）旋紧所有螺栓和螺纹接头。

（4）根据需要为压缩机注入润滑油。

（5）调整控制枢纽，用脉冲气启动和试用全站场的手动方式的球阀开关的换向机构。

（6）从控制台检查球阀开关遥控系统。

（7）调整并试用压缩机组和全站的球阀开关的自动换向机构。

（六）运行阶段

检查开关控制系统的性能，并对其进行最终调试时，可将压缩机组设置到"循环"和带载荷的工况下运行以进行系统试验。压气站的自动化系统经过检查调试后，即可转入运行阶段。

（七）清洗天然气中液体和固体杂质

清洗天然气中液体和固体杂质，是压气站工艺流程中最基本的工作内容之一。为分离天然气中固体和液体杂质（如水、油、凝析油、沙子、焊接毛边、铁锈和灰尘等），天然气在压气站压缩前应通过各种类型的分离装置（除尘器和过滤分离器等）进行分离。分离器应不间断地运行以防止脏物进入离心压缩机、工艺设备、压力调节器、检测仪表等。

在压缩机组启动时，除尘器的入口护栅和压缩机防碎片护栅上会沾满脏物和水合物，此时液压阻力可能达到 0.3~0.5MPa，这会对除尘器内层造成损害。当护栅处的压差到 0.1MPa 时，就应及时将离心压缩机调节到"循环"的状态。必要时可以停止压缩机组的运行，并对护栅进行清洗。

五、压缩机组的启动

(一) 机组启动概述

压缩机组的启动在压气站运行组织工作中是最重要的一步。在机组启动的同时，机组本身系统和压气站辅助系统中的很多系统都要接通投入工作，它们的准备和调试工作在很大程度上决定了启动过程的可靠程度。

在燃气涡轮装置转子启动过程中，动态负荷开始增加，因燃气涡轮加热而在零件和部件中会产生热应力。热状态的增长导致轮叶和轮盘的线性尺寸发生变化、在通流部分的间隙变化、管道热伸张。

转子启动的最初时刻，润滑油系统中的液压膜还没有保证稳定形成。转子处于从工作状态向稳定状态过渡的过程。压缩机组的压缩机与在喘振区工作很接近。在压比低时，通过增压机的气体流量很大，这就导致了循环速度很快，尤其是管道的高速循环，因此会造成管道振动。在启动过程中进入"少气"状态之前，一些类型的压缩机组的轴系要通过与固有振动频率相重合的转速，即通过共振转速。

在启动初始阶段，由于还未稳定下来的工况或调节系统在工作中遭到破坏，可能发生温度急增。

从上述各项可以得出结论：启动的过程具有大量的不稳定工作、不稳定工况的组合以及这些工况的周期变化。

在机组启动时工作人员能正确地操作，是压气站运行水平的重要指标之一。破坏工艺维修、破坏部件和零件的调节以及在启动过程中任何不正确的操作和保护系统的不协调，都会影响启动，并必然导致启动和调节程序的破坏。在严重违章时，燃气涡轮装置要进行事故维修。在启动阶段的任何差错都会对机器在使用过程中的运行指标产生重大的影响。

具体的启动时间依压缩机组的型号而定：对于带航空传动装置的压缩机组为 5~10min；对于固定式压缩机组，启动时间为 20~30min。对于固定式机组来说，时间要多一些，因为必须保证燃气涡轮装置的壳体部件和零件都均匀加热。这些部件和零件的质量都很大，为保证它们均匀加热和同样膨胀需要较长的时间。

(二) 机组启动步骤

压缩机组的启动要借助启动装置进行，依靠天然气的压差工作的涡轮膨胀发动机是常用的主要装置。天然气要预先净化，并调节到必需的压力，从而成为可以使用的启动气。涡轮膨胀机安装在全部固定式和部分航空压缩机组上。有时用压缩空气作为工作体。图 6-1 为某型压缩机组的启动装置和燃料气的连接示意图。

除涡轮膨胀机外，还可使用电动启动器，也有液压启动系统。启动装置的功率根据压缩机组的类型，大约为压缩机组功率的 0.3%~3%。

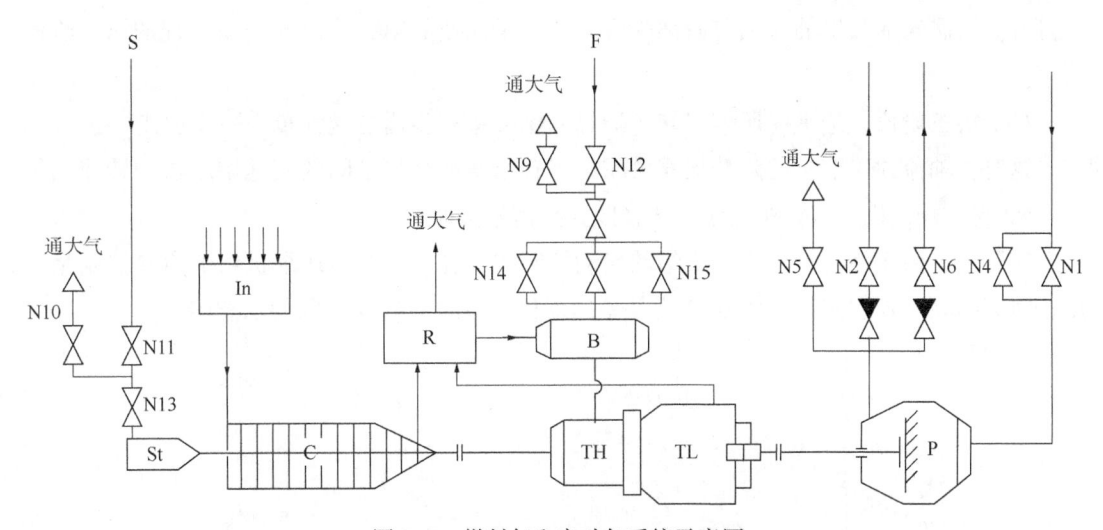

图 6-1 燃料气和启动气系统示意图

F—燃料气；S—启动气；In—集气室；St—涡轮膨胀机；C—轴流式压缩机(压气机)；
B—燃烧室；TH—高压涡轮；TL—低压涡轮；P—压缩机；R—回收器

压缩机组的启动一般可以分为三个阶段。

(1) 第一阶段，燃气轮机的压气机和高压透平转子仅仅是靠启动装置的作用启动，其步骤如下。

按动"启动"钮后，接通润滑油启动泵和润滑油密封泵。N4 阀打开，并在 N5 阀打开时的情况下，在 15~20s 内进行压缩机吹扫。N5 阀关闭后，压缩机压力在 N1 阀上的压差上升到 0.1MPa 时，N1 阀打开，N4 阀关闭，N9 机组阀打开。这时压缩机充满。

下一步挂合轴转动装置，涡轮膨胀机的齿轮啮合，打开 N13 液压阀和压缩机组调节系统的回流阀。然后打开 N11 阀，关闭 N10 阀，摘开轴转动装置。机组在涡轮膨胀机的带动下开始旋转。

压缩机组的启动的第一阶段及转子加速的第一步在 N12 阀打开及 N9 阀关闭时结束。此时，燃料气即将通入燃烧室，准备点火燃烧。

(2) 燃气轮机的压缩机转子加速的第二阶段，轴流式压缩机与涡轮膨胀机和透平一同进行。

当燃气轮机的压缩机转速达到足以点燃混合物的转速 400~1000r/min 时，点燃系统接通，将天然气送入燃烧室点火装置的 N15 阀打开。光继电器—传感器发出正常点火的信号。

2~3s 后 N14 阀打开，并开始向燃烧嘴供气。经过 1~3min，当温度达到 150~200℃后，加速的第一步结束，调节阀开至 1.5~2mm，加速的第二步开始。此阶段大约持续10min。然后，随天然气调节阀的打开，高压涡轮的转速逐步增加。

当达到额定转速的 40%~45% 时，透平进入自动运转状态；N13 和 N11 阀关闭，N10

阀打开。当涡轮膨胀机的联轴节脱离啮合时，转子加速的第二步以及启动过程的第二阶段结束。

（3）第三阶段，透平—压缩机转子通过向燃烧室逐步增加送气量进一步加速。

这时，轴流式压缩机的防喘振阀关闭。当转速增加至与车间的其他增压机的转速相等时，N2 阀打开，机组 N6 阀关闭，"机组运行"信号接通。

实际上，由于燃气轮机压缩机组的启动控制非常复杂，许多压缩机组的启动控制是采用按时间的顺序控制规律。图 6-2 为某型压缩机组按时间启动步骤的示意图。

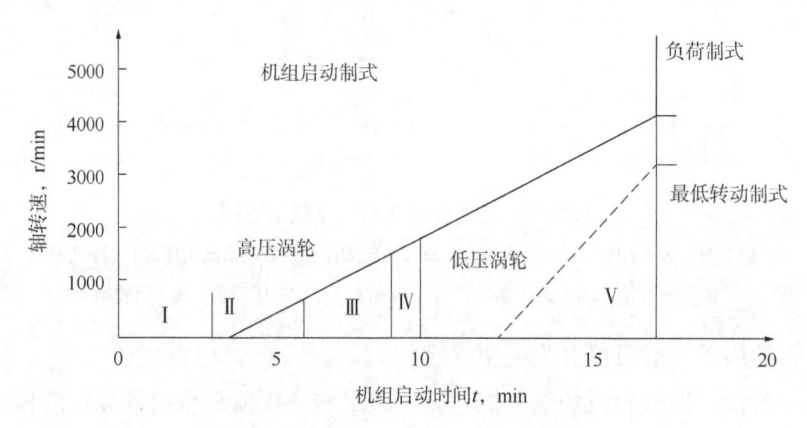

图 6-2　某型机组按时间启动步骤示意图

其中，Ⅰ——接通润滑油启动泵和润滑油密封泵；打开 N4 阀；关闭 N5 阀；打开 N1 和 N2 阀；关闭 N4 阀。

Ⅱ——挂合涡轮膨胀机连接轴；打开 N13 阀；接通进口导向装置，打开止回阀及 N11 阀；接通涡轮膨胀机，断开进口导向装置，打开 N12 阀，接通点火装置。

Ⅲ——用加热器将机组加热 2~3min。

Ⅳ——打开工作轮，加热 1min。

Ⅴ——关闭 N13 阀，将涡轮膨胀机断开，将涡轮膨胀机联轴摘开，关闭 N11 阀。

打开工作轮 1min 以对燃气轮机装置进行分步加热。

（三）禁止启动的情况

在下列情况下，禁止启动机组：

（1）当压缩机组的任何一条保护系统有问题时。

（2）当压缩机组的零件或管道没有最后安装完毕时。

（3）当在过滤器内的润滑油压差增高、润滑油质量不合格、润滑油的密封有泄漏时。

（4）当压缩机组送去维修前发现的缺陷没有修复时。

（5）在被迫和事故停机时，引发停机的原因没有消除前。

（6）当消防系统和天然气浓度监测系统出现故障时，以及在天然气和空气通道里发现有浸油的区段时。

第二节　SIEMENS RB211-24G 型燃压机组基本操作

按照燃气发生器的安装检查程序，在尝试启动之前，按以下程序进行检查。

一、外部一般检查

（1）燃气发生器的检查一般是检查燃气发生器的洁净度，确保它紧固在安装节上并与进气装置和动力涡轮可靠配装在一起。

（2）检查燃气发生器的部件、管子、电气接头，特别是电池板上的配件是否牢固，是否有擦伤和装配是否正确。

（3）确保润滑油油位正确，而且是匹配的润滑油。

（4）确保燃气探测系统工作正常和正确校准。注意有些燃料气探测器在校准前需要通电稳定达 2h，如果对校准程序或校准次数有疑问，请与探测器制造厂家联系。

（5）确保火警探测和灭火系统正常工作和正确校准。

（6）按照火警探测仪和燃料气探测器厂家的规定，定时对系统进行检查。

（7）确保与燃气轮机有关的附属设备不是在锁定状态，所有的跳闸装置已经正确复位。

二、燃料管路检查

当燃气发生器放在安装位置后，按以下程序对燃料气管路进行检查：

（1）在燃气发生器安装到位之前，全部 18 个挠性供气管在接总管的一端和接喷嘴的一端都应是松动的。

（2）运输时固定总管的各种管夹和 P 形卡箍在燃气发生器固定到位之前应当卸掉。

（3）燃气发生器到位时，必须细心检查，确保总管的进口堵板已经卸掉，进口里没有任何其他障碍物或堵塞。同样，燃料阀的外安装边必须清洁，没有障碍物，装有封严垫。

（4）注意如果从燃料阀来的管子是用空心管制成的，在安装燃气发生器时最好先把它卸掉，以后再装上。

（5）一旦燃气发生器装好，进气口已经接上，此时 18 个挠性供气管就可拧紧。用两个扳手，一个扳住总管克服扭矩，确保所接管子不会在接头里转动。18 个挠性供气管装好之后，管子不应有硬扭转或硬弯曲，也不应与其他管子或测压管接触。

（6）总管两端的管箍此时可以装到支架上。总管支架不得与已装好的挠性供气管有干涉。

（7）安装完成之后，再检查一下总管，在所有螺母完全拧紧的情况下，确保没有金属与金属的接触，最少要有 6mm 的间隙。检查时应考虑到燃气发生器运转时，从后部到燃料喷嘴环会有 7mm 的向前移动。

(8) 沃尔沃（VOLVO）液压启动机与燃气发生器的试运转和重新试运转。

① 在燃气发生器上进行任何工作之前，必须执行所有当地规定的与安全有关的预防措施。

② 第一次运转 VOLVO 液压启动机之前，在更换故障启动机或齿轮箱后，启动系统要进行冲洗，冲去系统中的所有碎屑。

③ 第一次运转 VOLVO 液压启动机之前，冲洗过液压启动机与燃气发生器之间管路系统后，启动机机匣和启动机齿轮箱必须加注润滑油。

④ 第一次运转 VOLVO 液压启动机前，在进行任何操作过程中，如果空气进入液压系统的启动机管路系统，该系统必须进行放气。

⑤ 在任何情况下，当高压压缩机在大于 250r/min 的转速下运转时，不得给启动机接通液压能源。

三、启动操作

用黑里阿德（Hilliard）空气/气体启动机或沃尔沃（VOLVO）液压起动机启动。操作人员必须确保，在任何情况下，当高压压缩机在转速大于 250r/min 运转时，不得给启动机供入液压能源，不许使用启动机。这是为了避免离心棘爪啮合时被打伤。

发动机的转速，和由此而得到的燃气功都是根据需求而变化的，并受最大转速调节器、最大温度调节器和压力调节器实施的限制。

四、正常停车

正常停车程序是自动的。在不小于 1min 内，将燃气发生器的转速降到 3300~3200r/min。在切断燃料之前，使燃气发生器在慢车运转 5~15min。关闭高速停车开关。

五、应急停车

应急停车系统（ESD）不能按正常停车方法来使用使燃气发生器停车。这个程序是自动的。注意：不得将润滑油供入燃气发生器，而应将冷空气或惰性气体供入燃气发生器。

(1) 从中压转速 NL 到达 2800r/min 开始，保持润滑油控制台（LOC）上的回油泵再工作 6min。

(2) 在戴维斯（Davis）阀动作之前，将 LOC 油箱拖架上的三通阀（作动器和阀组件）置于旁通状态（使润滑油返回油箱）。

(3) 当 NL 转速降到 2800r/min，使用冷空气或惰性气体经 Davis 阀供气 5min。如果燃气发生器仍在停转过程之中，再保持冷空气或惰性气体喷入至少 90min。切记采取应急停车后，当重新启动燃气发生器时，要确保启动机灵活转动。

(4) 在 90s 内允许重新启动燃气发生器，条件是先要切断冷空气或惰性气体。将时间计入冷却期，重新启动就发生在这个时间段。如果重新启动不成功，在冷却期的剩余时间内，必须再次接通冷却介质。

尽量减少从提供动力状态跳闸而应急停车的次数。只要有可能，操作者应当采取冷停车程序，即在慢车运转 5~15min。戴维斯(Davis)阀仅在紧急情况下作用，阀门作用时，冷却介质将通过燃气发生器上的 Davis 阀供向涡轮轴承。

六、单元体的过热探测

在正常工作状态下，冷却空气指示温度不超过 450℃，过热探测系统处于待命状态（仅适用于单元件热电偶）。在冷却系统空气温度超过 450℃ 的情况下，过热探测系统应被激活。温度超过 550℃ 并持续 10s 时，发生器将会停车，润滑油控制台像正常停车一样停止工作。执行过程如下：

(1) 执行调研程序，并研究过热探测器或仪表的电路，以确定是什么原因引起了高温，即润滑油消耗过高、振动增大。

(2) 如果找不出原因，重新启动燃气发生器，但不要超过 5000r/min，进一步调研润滑油消耗量高和振动增大的原因，并继续研究过热探测器或仪表电路。咨询罗尔斯—罗伊斯动力工程公司(RRPEplc)的建议。

(3) 如果确认了过热来自虚假的或有故障的过热信号，燃气发生器的振动和润滑油消耗都合格，才可以认为燃气发生器没有问题，能在 5000r/min 以上运转。

(4) 在过热探测器跳闸是由于过热原因所致或者还有任何其他怀疑的情况，需要将中压涡轮转子组件从燃气发生器上拆下来，检查单元体的内部。

(5) 当燃气发生器不运转时，控制系统自动每 24h 润滑燃气发生器 5min，以保证万一发生持续风车转动时燃气发生器有润滑。

然而，RRPEplc 要求在接通启动机之前，燃气发生器保持静止不动。尽可能保证按要求执行，但绝不能在燃气发生器高压压缩机的风车转速超过 250r/min 的情况下接通启动机。

第三节　SOLAR Titan 130/C45-3 型燃压机组基本操作

一、燃气轮机和离心压缩机组的操作步骤

用于燃气轮机和增压压缩机的辅机系统依赖于彼此的正确操作。例如空气系统运行不当，燃料系统就不能提供燃气轮机所需的一定流量的燃料。如果控制系统失灵，就会使整

个系统出现故障。如图 6-3 为辅机系统的联系示意图。

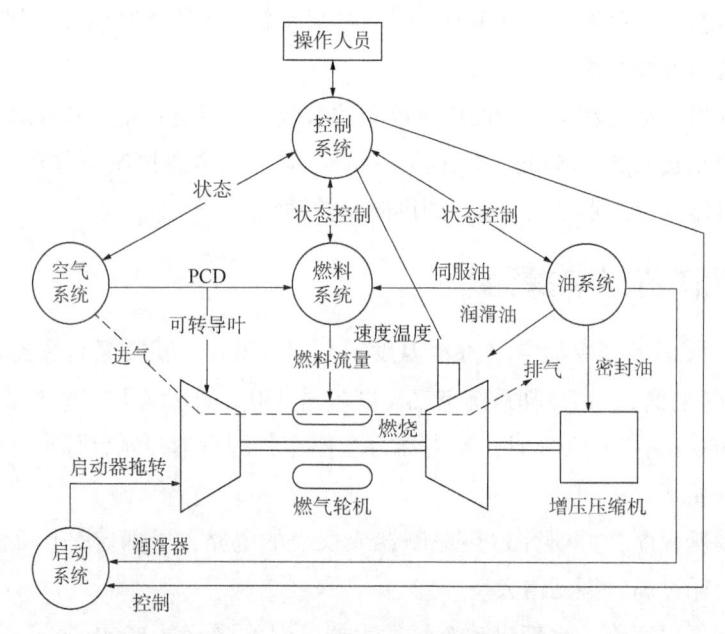

图 6-3　辅机系统的联系示意图

在压缩机上进行任何操作前，操作者必须完全熟悉每个操作和维护指导手册及本书中的安全要求。在下面的介绍与描述过程中，为了强调在机组操作过程中的某些重要或者危险信息，分别以警告、小心、注意的文字特别指明。其中：

（1）警告：对相应的操作步骤、经验等的强调，如果不正确遵循，将导致人身伤害或丢失性命。要求完全了解在天然气周围工作时，天然气可能泄漏造成的危险。在易爆环境中，更应该对安全要求引起特别的注意。吸烟及其他火源严禁靠近压缩机组。

（2）小心：对相应的操作步骤、经验等的强调，如果不严格遵守，将发生危险或导致设备的损坏。要特别注意压缩机组的喘振。安全要求中有关喘振的部分必须认真研究，所有的要求必须严格遵守。

（3）注意：对操作步骤、经验等的强调。

（一）启动前的徒步巡视检查

遵守所有的安全要求！在初次启动前，进行下列项目的徒步巡视检查。

（1）核实电流断路器在"关"位置。

（2）在启动燃气轮机之前，检查从燃料、润滑油和燃气轮机放空管线上是否取下了所有的盖子或堵头。

（3）检查燃气轮机周围有无油或燃料泄漏，如果存在，查出原因并排除。

（4）检查燃气轮机空气进口滤网和过滤器是否清洁，并确信没有可能被吸入的物质。

（5）确保排气系统畅通，并且排气管线附近没有可燃物质。

(6) 观察所有的自锁螺母、带帽螺栓和其他紧固件是否紧固。

(7) 检查所有的电气连接的紧固、腐蚀及绝缘状况。检查接线和导线是否合乎要求。

(8) 检查所有的管线和软管有无破损。检查垫圈和卡子是否起作用。

(9) 清除所有灰尘、冰或其他阻碍空气进入和放空的物质。

(10) 对所有的排污管线进行排气检查,确保排污口和排污管线中没有堵塞。

(11) 检查天然气压缩机以确保总管安全就位。

(12) 确保油箱油位充足。

(13) 当使用天然气或空气操作的马达时,检查润滑器油位。

(14) 确信密封油过滤器压差指示器按钮按下。

(15) 如果使用双润滑油过滤器,确保选择器手柄在应用位置。

(16) 检查电池充电器的操作、状况以及电量。

(17) 将回路断路器置于"开"位置。

(18) 打开燃料供应主阀,检查燃料的供气压力是否足够(165~200psi,表压)。

(19) 检查燃料气和气动启动器管线有无泄漏。

(二) 预启动时开关位置

压缩机现场阀门在"自动"位置,检查控制箱上的开关位置,如图6-4所示。

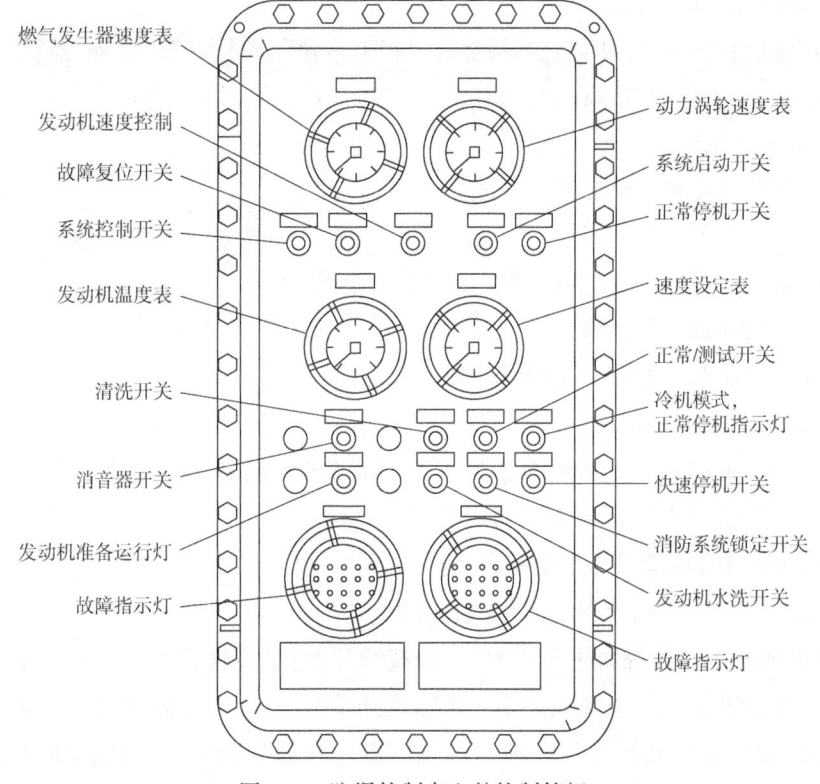

图 6-4 防爆控制盘上的控制箱门

(1) 系统控制主选择器——关。

(2) 燃气轮机转速控制(怠速设定)——全部逆时针。

(3) 洗涤剂清洗——关。

(4) 正常/测试——正常。

(5) 点火系统锁定——开。

(三) 启动步骤

重新启动必须在燃气发生器转速下降到15%以下30s后才能进行。

如果三次启动都没有成功，必须进行故障排除。

1. 自动阀程序

在"自动阀程序"时的启动步骤，启动程序在控制盘上进行。检查每个步骤的相应事项以确保启动成功。

(1) 系统控制主选择开关置于"就地"位置。

(2) 燃气轮机控制回路加电。

(3) 在振动显示器上，绿色"OK"灯亮。

(4) 报警喇叭发声，按下消音器按钮进行消音。

(5) 按下复位按钮。

(6) 启动回路开始工作。

(7) 所有红色的故障灯和黄色的报警灯(除"Imp燃气轮机高温"之外)点亮。

(8) 燃气轮机黄色的"准备运行"灯亮。

(9) 释放复位按钮。

(10) 所有的故障和报警灯熄灭。

(11) "准备运行"灯亮。

(12) 如果没有预先消音，报警喇叭此时停止报警。

(13) 启动按钮按下后释放。

(14) 启动回路被触发，启动程序开始。

(15) 绿色"运行"灯亮。

(16) 辅助润滑油泵开始预润滑过程，然后辅助密封油泵开始工作。当密封油泵压差到达16psi时，"密封油泵开"绿色指示灯变亮。

2. 天然气压气站场阀门的自动程序

(1) 站场旁通阀关闭。"阀关闭"灯呈亮绿色。

(2) 加载阀打开对压缩机进行清吹。"加载阀开"灯呈亮红色。

(3) 30s清吹结束后，放空阀关闭，压缩机开始增压。"放空阀关闭"灯呈亮绿色。

(4) 当压缩机增压到预定压差时，进气、排气和旁通阀打开，加载阀关闭。相应的"阀开"灯呈亮红色，"阀关"灯呈亮绿色。

（5）启动按钮按下 4min 以后。

（6）预润滑过程完成。

（7）启动马达开始拖动燃气轮机。

（8）燃料系统开始工作。

（9）达到 15%转速后 10s 时，在几秒内发生点火，并且燃烧开始。

（10）燃气轮机温度增加到 350℉以上。

（11）点火 10s 以后，点火关闭。

（12）燃气轮机驱动的润滑油泵压力升高到 35psi，辅助润滑油泵关闭。

（13）燃气轮机速度到达 60%时，启动系统停止工作。

（14）小时表开始记录燃气轮机运行时间。

（15）燃气轮机速度到达怠速，大约 62%转速。

（16）通过顺时针转动燃气轮机速度控制旋钮使燃气轮机速度增加到预定的加载速度（90%转速）。

（17）速度设定值显示在速度设定仪表上。

（18）旁通阀关闭，"旁通阀关闭"灯呈亮绿色。

（19）辅助密封油泵关闭。

（20）压缩机正常运行。

3. 运行中的检查

运行中必须密切注意任何变化或不正常情况，不能仅局限于下面的几条：

（1）检查运行中的振动和噪声。

（2）检查加速时间的变化。

（3）检查给定负载和环境温度下涡轮排气温度的升高。

（4）检查不正常运行状况的征兆（不正常脱色、裂缝、管线摩擦、振动、油泄漏等等）。

（5）在长时间连续运行时，每 24h 检查油位。

（6）检查蓄电池充电器是否正常运行，检查充气光电池。

"手动阀程序"的启动步骤，除了阀顺序开关、辅助密封油泵开关和所选用的阀位开关移到手动位置外，与"自动阀程序"时的操作步骤相同。

（四）正常停机步骤

（1）当设定为手动阀程序或在手动状态下运行时，绝对不能无人值守。如果站场操作条件允许，对燃气轮机进行冷却。

（2）逆时针缓慢转动燃气轮机速度控制旋钮到怠速（约 62%转速）状态，低于 90%转速时辅助密封油泵启动，压缩机旁通阀打开。

（3）燃气轮机在怠速下运行 3~4min。

(4) 瞬时放下停机按钮。

(5) 燃料切断，燃烧停止，燃气轮机开始滑行到停机。

(6) 辅助润滑油泵启动，进行 55min 的连续后润滑。

(7) 天然气压缩机进气阀和排气阀关闭，相应的阀位指示器灯呈亮绿色。

(8) 放空阀打开以降低压缩机壳体内压力，相应的阀位指示器呈亮红色。

(9) 辅助密封油泵停止。

(10) 燃气轮机停机。

(11) 注意观察油泵驱动联轴器，确保辅助密封油泵已经停止。

(12) 停机以后的工作：

① 手动关闭辅助密封油泵马达气源。

② 主选择开关置于"关"位置。

③ 辅助润滑油泵工作直到后润滑结束。

（五）故障停机

压缩机在发生某种故障时，通过传感器和控制装置关闭燃气轮机来进行自我保护。当发生故障自动停机时，控制盘上相应的红色故障指示灯变亮以显示停机原因。故障停机与压缩机的设定有关，相应的指示灯如下：

(1) 低油压，如果燃气轮机在 60% 转速时润滑油压力没有上升到 35psi 以上，或运行时润滑油压力低于 25psi，则燃气轮机停机。

(2) 预润滑油压力低，如果预润滑油压力在启动按钮按下 4min 之内没有上升到 6psi，则燃气轮机启动失败。如果后润滑油压下降到 4psi 以下，指示灯变亮以示警告。

(3) 燃气发生器超速，如果燃气发生器转速超过 102.5%，则燃气轮机停机。

(4) 燃气轮机温度高，在正常运行时，如果燃气轮机燃气温度超过了预定的 1250°F，则燃气轮机停机(温度设定点可以根据需要而不同)。

(5) 油位低，如果润滑油箱内的油位低于 65.5gal，则燃气轮机不能启动或停机。

(6) 油温高，如果进入燃气轮机的润滑油温度超过 180°F，则燃气轮机不能启动或停机。

(7) 动力透平超速，如果动力透平速度超过 106%，则燃气轮机停机。

(8) 振动高，如果燃气轮机或压缩机的振动超过预定标准，则燃气轮机停机。

(9) 电池电压低，只有电池电压在 22.5V 以上时燃气轮机才能启动。如果电压下降到 21.5V 以下则燃气轮机停机。

(10) 点火故障，在启动马达拖动燃气轮机到 15% 转速后 20s 内燃气轮机温度没有上升到 350°F，则燃气轮机终止启动程序。

(11) 燃料气压力低，如果燃料气压力在 165psi 以下，则燃气轮机不能启动。如果燃料气压力下降到 143psi 以下，则燃气轮机停机。

(12) 燃料阀故障，如果一次或二次燃料阀不能打开、不能关闭或在阀检查程序中不能密封，则燃气轮机终止启动。

(13) 启动故障，在拖动 60s 以后，燃气轮机不能达到 60% 转速，则燃气轮机终止启动。

(14) 拖动故障，如果在 15s 内燃气轮机不能被拖转到 15% 转速，则燃气轮机终止启动。

(15) 燃料气压力高，如果燃料气压力高于 205psi，则燃气轮机不能启动或燃气轮机停机。

(16) 后备超速，如果动力透平速度超过 110% 转速，则燃气轮机停机。

(17) 密封油压差低，如果密封油/天然气压差（密封油超出进口天然气压力）下降到 12psi 以下，则燃气轮机停机。

(18) 排气温度高，如果天然气压缩机的排气温度超过了预定的最大值，则燃气轮机停机。

(19) 阀程序故障，如果天然气压缩机现场阀门不能完全按顺序工作，则燃气轮机不能启动。

(20) 加载故障，如果在启动后 6.5min 内不能获得加载速度（正常/测试开关在"正常"位置），则燃气轮机停机。

(21) 进口空气过滤器压差（可选），如果空气过滤器压差超过了预定标准，则燃气轮机停机。

(22) 消防系统排放（可选），如果检测出有火灾，并且灭火器在机罩内排放，则燃气轮机停机。

(23) 天然气检测器故障（可选），如果天然气浓度到达爆炸下限（LEL）的 60%，则燃气轮机停机。

（六）故障报警

如果达到预先设置的危险条件，报警指示器灯亮。主要报警信息如下：

(1) 润滑油压力低报警，如果燃气轮机油压下降到 42psi 以下，则黄色报警灯亮。只有当压力下降到 25psi 以下时，燃气轮机才停机。

(2) 油温高报警，如果燃气轮机润滑油温度超过 170°F，则黄色报警灯亮。只有当温度上升到 180°F 以上时，燃气轮机才停机。

(3) 润滑油过滤器压差高，如果润滑油过滤器压差超过 20psi，则黄色报警灯亮。当压差下降到 15psi 以下时，报警灯熄灭。

(4) 低油位，如果燃气轮机油箱油位下降到 107gal 以下，则黄色报警灯亮。只有当油位下降到 65.5gal 以下时，燃气轮机才停机。

(5) 密封油压差低，如果密封油/天然气压差下降到 15psi 以下，则黄色报警灯亮。只有当压差下降到12psi以下时，燃气轮机才停机。

（6）燃气轮机接近高温，在启动或运行时，如果燃气轮机温度超过预定的1200℉，则黄色报警灯亮(温度设定点可以根据需要而变化)。

（7）机罩内温度高报警(可选)，如果机罩内温度超过预定极限，则黄色报警灯亮。

（8）消防系统锁定(可选)，当消防系统锁定开关在"锁定"位置时，黄色报警灯亮。

（9）天然气浓度高报警(可选)，当机罩内的天然气浓度到达30%LEL时，黄色报警灯亮。

二、燃气轮机和离心压缩机组的启动操作过程介绍

因为控制系统回路断路器是常关的，又因为电气系统简图提供的所有继电器和开关触点处于失电状态，以下程序必须首先关闭断路器，以便读者能够理解所有的触点转换。

启动程序的描述做如下假定：现场阀门程序和辅助密封油泵操作在自动状态。如果采用手动操作，手动操作程序应和自动操作程序完全相同。

(一) 预启动条件

（1）油箱已满，停机开关和可选报警开关处关闭状态。

（2）给润滑油箱加热器、所有泵和风扇驱动电动机提供外部交流电源，并已连接好。

（3）压缩机的进气阀、排气阀和加载阀处于关闭状态，放空阀和旁通阀处于打开状态。

（4）提供空气/天然气装置处关闭状态，回路断路器处断开(OFF)位置。

（5）系统控制开关和清洗开关处于关闭状态。

(二) 手动闭合回路断路器

手动闭合回路断路器(到ON位置)；手动打开给气动马达供给空气/天然气的阀门。

（1）在蓄电池电压正常时，"电压低"继电器带电，"电池电压低"故障继电器K278的分支进入总回路。

（2）继电器带电，以防止预/后润滑油泵不正常运转(接通气体情况下，电磁阀失电使马达运转)。密封油泵故障继电器通过压缩机壳体压力开关的触点而带电。通过触点转换，使辅助密封泵电磁阀带电，从而切断了气体供应阀，以防止辅助密封油泵马达运转。

（3）密封油压力低故障、压缩机故障继电器带电。

（4）加载阀、进气阀和排气阀控制继电器带电。

（5）放空阀、低压压缩机和高压压缩机的旁通阀控制继电器和带电。站场阀门阀位开关回路触点闭合，使"阀程序故障"继电器带电。

（6）现场阀门阀位指示灯变亮，其余的现场阀位指示灯变暗。

（7）阀程序故障继电器带电，通过触点转换，使压缩机总故障继电器带电。

（8）故障指示器控制单元带电。

(三) 打开燃料气和气体供给

如果燃料气压力足够，那么开关闭合，从而使"燃料气压力低"故障继电器的分支在控制电源上的总电路导通。

当燃料气压力过高时，开关闭合。"燃料气压力高"故障回路在控制电源上被导通。

需要注意的是：如果开关转换，则需把燃料气压力降低到再次转换设定点（178～199psi 之间）才能消除故障。

(四) 系统操作（正常/测试）开关

系统操作（正常/测试）开关手动操作到"正常"位置。

"加载故障"继电器带电，如果在按下启动按钮 6.5min 后未达到加载速度，将出现"加载故障"而停机。当处于"测试"状态时，"加载故障"继电器不带电，允许设备在怠速和加载速度下运转而不停机。

(五) "系统控制"开关

"系统控制"开关手动置于"就地"或"远控"位置。

(1) 控制单元带电，这些单元中的所有触点进行转换。"燃气轮机高温"和"超速故障"继电器的分支，振动/温度检测器触点进行转换，并且继电器触点转换使故障继电器带电。

(2) 斜波控制继电器和启动继电器带电；触点将改变执行电磁阀的控制。触点转换，使"点火故障"回路的故障继电器带电。

(3) 10s 点火延时断开继电器带电，通过触点转换，锁住了启动继电器。

(4) 15s 拖动延时断开继电器带电，通过触点转换，拖动继电器带电，"拖动故障"继电器带电。

(5) 60s 启动延时断开继电器带电，"启动故降"回路导通，故障继电器带电。

(6) 4min 预润滑延时断开继电器带电。触点转换使预润滑继电器以及 5s 阀程序延时断开继电器带电。

(7) 触点的转换闭合了"预润滑油压力低"开关触点周围的旁通回路。触点的转换闭合了 1#压缩机低压开关周围的旁通回路。触点的转换，使一次燃料阀控制线圈带电。

(8) 进气压力低计时继电器带电，进而使进气压力低的固定继电器带电。触点的转换接通了一个 2#压缩机"进气压力低"开关周围的旁通回路。故障继电器带电，故障继电器带电。

(9) 低油位继电器和报警继电器带电，触点转换。"低油位"指示灯熄灭，低油位故障回路的故障继电器带电。润滑油箱加热继电器也带电。

(10) 继电器带电，从而锁住了回路的怠速继电器。继电器通过闭合继电器的触点而带电，以使"手动燃气轮机速度调整控制"失效，并打开远控速度信号回路并维持 2min。

（11）预启动控制继电器带电，触点转换使故障继电器带电，燃气轮机"准备运行"灯带电。

（12）锁定故障继电器通过 K242D 触点转化而带电；触点转换，锁住继电器 K277，导通启动回路，"燃气轮机准备运行"灯 DS177 带电，并给远控界面提供"停机/准备"和"后润滑完成"信号。

（13）所有的故障指示灯亮（除 IMP 燃气轮机高温外），用来进行故障指示器回路的测试。

（14）后备超速开关 Z353 复位，闭合燃料阀回路内的触点 H—G。

（六）复位按钮开关 Sl14 释放

（1）"故障指示器"灯全部熄灭。

（2）"准备"灯点亮。

（七）系统启动开关 Sl10 瞬间按下

（1）"准备运行"灯亮。

（2）启动/运转继电器带电，触点转换。启动回路由触点（启动开关释放）锁定。润滑油泵继电器由低润滑油压力开关控制，进而使继电器带电，关闭两个旁通/防喘阀。通过触点转换，"旁通阀开"灯变暗；"旁通阀关"灯变亮。启动信号传递到远程控制界面。

（3）55min 后润滑计时继电器带电；触点转换，润滑油泵继电器带电。预/后润滑马达电磁阀失电，阀门打开，预润滑开始。

（4）6.5min "加载故障"计时继电器带电（正常/测试开关处于"正常"位置）并开始计时。如果继电器在 6.5min 内未失电，将使故障继电器失电，机组停机。显示"加载故障"。

（5）辅助密封油控制继电器带电。

（6）预润滑计时继电器失电，开始计时。

（八）预润滑油压增加

预润滑油压开关触点 A、B 在预定压力增加下进行转换。触点使辅助密封油泵控制继电器带电。通过触点转换，控制线圈失电。气体供给阀打开使辅助密封油泵马达运转。密封油压力增加。

如果在预定时间之内，气体压缩机壳体压力增加到了预定的压力，开关将闭合，带电启动辅助密封油泵。

触点转换，关闭密封润滑油报警开关周围的旁通回路并解除报警指示器。另外，报警继电器带电，用于预防故障的发生。

（九）密封油压力增加

当密封油压力达到高于进气压力的预计值时，压差开关闭合，密封油差压继电器带电，使继电器、密封油继电器和指示器（密封油泵开）带电。

触点转换，锁住辅助密封油泵故障继电器，并使继电器带电。触点转换，密封油继电器带电。触点转换，锁住并使"加载阀开"继电器带电。线圈带电用于打开加载阀，允许气体进入对压缩机气缸进行清吹。行程升关触点转换，继电器带电。"加载阀开"指示灯变亮，灯变暗。

触点闭合使压缩机清吹计时继电器(30s)带电。继电器开始计时。

30s后计时结束并转换，使继电器带电关闭放空阀。"放空阀关"线圈带电，关闭放空阀。行程开关触点转换，使触点失电，这些触点将打开旁通阀，灯变亮。放空阀行程开关触点转换使继电器带电。气体使压缩机壳体增压。"放空阀关"指示灯变亮，"放空阀开"指示灯变暗。

（十）压缩机壳体压力增加

(1) 压缩机壳体压力开关在压力增加到预定值(由高压压缩机测出)时触点转换并锁住密封油控制继电器。

(2) 当进气阀压差降到50psi时，开关闭合，"进气阀开"和"排气阀开"继电器带电。线圈带电，以便打开进气阀和排气阀。

(3) 行程开关转换，使阀体控制继电器带电，继电器失电。触点转换，使保持30s压缩机清吹计时继电器和"放空阀关"继电器带电。指示灯变亮，变暗。继电器失电，加载阀关闭。行程开关转换带电。指示灯变亮，变暗。

（十一）拖动和燃料阀试验

(1) 预润滑计时继电器计时结束，触点转换，预润滑继电器失电。启动马达继电器以及二次燃料控制阀线圈带电。控制空气/气体打开一次燃料阀，开始阀测试程序。

(2) 继电器触点转换，"低油压"故障继电器总回路导通，预润滑油压开关S322A旁通回路打开。触点再转换，低压开关周围的旁通回路打开。

(3) 启动马达继电器触点转换，启动程序中，温度控制单元报警、停机和最高设定点比正常值高。

(4) 启动马达控制线圈带电。控制压力打开启动马达供气阀；启动马达开始拖动，并使燃气轮机加速。

(5) 5s阀程序计时器、15s拖动计时继电器、3min启动计时继电器全部失电，计时停止。

(6) 阀试验压力开关在燃料气体压力增加到预定值时闭合，燃料气高压继电器带电。如果不能闭合，显示"燃料阀故障"，并且在15%速度时停机。

(7) 阀程序计时继电器计时结束，一次燃料阀控制线圈失电。控制气关闭一次燃料阀。

（十二）燃气轮机速度达15%

速度控制单元触点关闭，使30s再启动控制计时继电器、低速继电器以及10s清吹计时继电器带电，随后计时结束。触点转换，建立一个30s再启动延时，为停机后的下一次启动做准备。

低速继电器触点转换，打开启动器继电器回路中的15%速度旁通，使"拖动故障"故障继电器失电。如果在启动15s后还未达到15%速度，通过总回路中的拖动继电器触点来关闭燃气轮机，并显示"拖动故障"。

故障总继电器复位回路打开。

触点转换，"阀试验"继电器带电锁定。但如果一次和二次燃料阀间的燃料气压力降低，则表明二次阀故障；通过继电器关闭燃气轮机，并显示"燃料阀故障"。

"阀试验"继电器转换，二次燃料阀控制线圈带电，放空二次燃料阀，允许燃料气体压力打开阀门。当燃料气体压力减少时，在预定压降时进行触点转换，燃料气高压继电器失电。触点转换使燃料气低压继电器带电被并锁定。若未带电，则显示"燃料阀故障"。

在启动马达开始拖动燃气轮机15s后，拖动计时继电器计时结束。触点转换，拖动继电器和总回路中"拖动失败"故障继电器失电。

（十三）达到15%速度后10s

清吹计时继电器计时结束，触点转换，斜波信号发生器、一次燃料控制阀线圈、气体点火器线圈、点火继电器、点火激励器以及火花塞带电，点火器点火。10s点火停止计时继电器计时结束，停止点火。

控制气打开一次燃料阀，压力增加使闭合电。触点转换，解除总回路中的"燃料阀故障"。无法闭合将导致"燃料阀故障"并停机。

燃料控制斜波发生器输出在预定时间内由零增加到最大，燃料执行器逐渐朝着最大燃料位置回缩，加浓了燃料/空气混合物，使燃烧室中的混合物在最佳燃料/气体比下慢慢点燃。

（十四）燃气轮机透平温度达350℉

（1）温度控制单元的触点转换，解除了总回路中的"点火故障"。同时，斜坡最优控制继电器失电。触点转换，燃料执行器的控制从斜波发生器转到控制器控制单元。

（2）触点闭合，2min"启动偏移"继电器开始计时。温度将在此期间可升至800℉，直到2min结束。2min后触点将在下关闭，允许温度达到1190℉。需要注意的是：如果在60%速度时时计时还未结束，将于60%气体发生器速度时闭合，允许温度升到1190℉。

（3）燃气轮机启动计数器带电，并记录燃气轮机的启动次数。

（4）点火器点火10s后，即燃气轮机达15%速度后20s，10s熄火计时继电器计时结束。触点转换使启动继电器失电。

（5）触点转换，点火继电器、气体点火器线圈以及斜波发生器失电，打开总回路中"点火故障"的旁通。气体点火器熄灭。

(十五) 润滑油压力增加

在压力增加到预定值时,低油压开关 S380A 触点转换,润滑油泵继电器 K221 失电。预/后润滑油泵马达线圈 L320-1 和 L320-2 带电,关闭气体供给阀,泵停止运转。

在压力增加时[46psi(315kPa)],低油压报警开关 S380-2 触点关闭,使低油压报警继电器 K274 带电。

动力透平转速(NPT)达到 5%时,速度控制单元 Z153 的触点 J—K 转换,闭锁 GP/PT 联锁装置继电器 K153。

(十六) 燃气轮机速度增至 60%

(1) 速度控制单元的触点闭合,60%速度继电器带电。

(2) 触点转换,启动器继电器和启动器线圈失电,关闭启动马达。燃气轮机透平最高温度,报警和停机值被执行器控制单元和温度控制单元重新设定,总回路中的低油压故障分支导通。触点打开以移动低油压开关周围的旁通回路。

(3) 触点转换,小时表带电,开始记录运行时间。触点转换,低油压开关旁通回路打开,"启动故障"故障继电器失电。触点转换;运转信号远传至远控界面,且旁通预启动控制回路。

(十七) 燃气轮机转速稳定在怠速

(1) 如果温度控制值将改变,且燃气发生器转速以一定的斜率自动快速超过 60%NGP。

(2) 3min 启动计时继电器停止计时,打开在总回路中的"启动故障"分支旁通。

(3) 自动启动程序完成。燃气轮机加速到"燃气轮机速度调整控制旋钮"设定的速度。

(十八) 燃气轮机速度增加到设定可选择转速

(1) 在 90%速度时,控制单元触点打开,触点闭合。

(2) 进气压力低计时继电器失电,停止计时。

(3) 继电器带电,并使"加载故障"计时继电器失电。继电器在没有触点转换的情况下更新复位。

(4) 触点转换使旁通/防喘阀继电器带电。

(5) 触点转换,使辅助密封油控制继电器失电;转换使线圈带电,关闭辅助密封油泵驱动马达。密封油压由燃气轮机驱动的泵提供。

(6) 触点转换,打开密封油周围的旁通回路并激发指示器。

(十九) 高于负载速度的正常操作

动力透平速度控制单元和燃气发生器速度控制单元,提供相应速度信号给燃料执行器控制单元。在预定速度点上,产生一个相应的最优输出,使燃料执行器 L344 动作来增加或降低燃料流量。

燃气轮机温度控制单元给控制单元提供一个相应的温度信号，在预定温度值时，产生一个相应的最优输出给以减少燃料。

第四节　GE PGT25+SAC/PCL800 型燃压机组的基本操作

以 GE 公司生产的 PGT25+SAC/PCL800 燃气轮机—离心压缩机组，西门子公司生产的 RB211-G62/RF3BB36 燃气轮机—离心压缩机组，以及卡特彼勒所属索拉公司生产的 Titan130/C45-3 燃气轮机—离心压缩机组为例进行说明。

一、压缩机组启动前检查

（1）检查所有电缆、软管和管线之间无粘连和摩擦。

（2）检查进/排气系统和箱体内部，确保其内没有油渍、脏物和杂物。

（3）确认润滑油系统和燃料气系统无泄漏。

（4）确认排气系统热电偶处于正常状态。

（5）确认机组的火灾报警和消防系统处于正常状态。

（6）检查逆变器工作正常，蓄电池电压值正常。

（7）机组控制柜电源供给正常，液压启动电动机、润滑油泵、润滑油冷却器、箱体通风等电机及加热器电源供给正常。

（8）电动机控制柜各电源开关在打开"ON"的位置，工作方式选择自动"AUTO"。

（9）各系统仪表指示正常。

（10）仪表风供给正常，供气管路畅通无泄漏。

（11）工艺流程切换到正输流程，主要工艺阀门特别是手动阀门处于正确位置。

（12）工艺管线无泄漏，机组燃料气、密封气和润滑油系统无泄漏。

（13）机组燃料气系统正常，燃料气橇供气压力处于正常范围内，燃料气加热器正常。

（14）润滑油油箱液位和油温指示正常；过滤器转换器应指向选择的过滤器，不应在中间位置；各系统滤芯压差正常。

（15）机组无机械锁定，燃料气系统、通风系统、消防系统、润滑油系统开关和相互闭锁都设定在允许启动的状态。

（16）在控制系统上对系统进行复位，消除报警和检验机组状态。

（17）在控制系统上选择机组控制模式（当地"LOCAL"、远程"REMOTE"、盘车"CRANK"、自动"AUTO"、手动"MANUAL"）。

（18）检查燃气发生器进口导叶位置，进口导叶应处于最小开启状态。

（19）燃气轮机箱体内相关阀门处于正确位置，箱体门关闭；燃气轮机箱体外的相关阀门处于正确位置。

（20）箱体所有清洗接口封堵，所有排污阀关闭，所有仪表、变送器一次手动阀门全部打开。

二、压缩机组启机和加载

启动方式有自动或手动两种，均可以按程序自动执行正常启动。若选手动"MANUAL"方式，机组将停留在怠速，需要通过人工操作进行负荷调节；若选自动"AUTO"方式，机组将自动调整转速到设定的负荷状态。

（1）人工操作机组不应少于两人，并及时汇报调控中心。

（2）选择手动"MANUAL"或自动"AUTO"启动方式。

（3）操作员按控制柜上的启动按钮或在计算机控制屏上点击"START"，执行正常启动程序。

（4）查看操作"OPERATION"画面，监控启动过程。

（5）启机时应监视机组状态，一旦出现影响运行的故障应及时排除，不应带病启机。

（6）机组启动时，应注意机组是否有喘振；如果发生喘振，应立即停机。

（7）机组启停时，要满足管道运行控制参数要求，如果现场发现异常，要及时上报调控中心。

（8）机组启机完成后，运行人员应向调控中心汇报站场机组运行情况。

（9）选择手动"MANUAL"方式，通过控制界面来调整机组加载。

（10）机组启动和加载过程中，按照机组的各正常运行参数、参数限制值和报警、停机值进行一次机组正常运行检查。

（11）检查机组所有本体和辅助系统的运行参数，确认在正常范围。

（12）检查机组系统管线和阀门的密封情况，确认无泄漏。

（13）检查该过程的报警菜单，做到及时发现报警，及时分析报警原因并及时处理报警。

（14）机组在该过程中应无异常声音。

（15）在运行过程中注意通过站控室监视器监测各运行参数，注意观察机组的振动、温度、转速、压力等参数的显示与正常值进行比较，出现异常情况应及时分析处理，根据要求定期采集并保存。

三、热态重启动

（1）机组从高负荷状态下停机，在2h以内需要重新启动且排气温度超过620℃的情况属于热态重启动。

（2）在机组停机过程中，当燃气发生器转速低于200r/min后，2h的高速盘车计时器开始工作，机组保持高速盘车状态（防止转子热态变形），后冷却状态。

（3）在需要启动时，按动控制盘启动按钮或计算机控制屏启动按钮，开始热态重启动。

(4) 其他启动步骤与正常启动一致。

(5) 尽量避免热态重启，燃气发生器或压缩机有转速时严禁重启机组。

四、压缩机组运行和状态调整

(1) 运行人员应根据调控中心要求进行机组负载调整，并尽可能使机组运行在设计工况点附近，保持机组较高的运行效率，其调整参数包括出口压力、转速、流量等。

(2) 运行人员进行升压和加速操作时不能过猛过快，降压降速也应缓慢均匀。

(3) 运行人员应严密监视机组运行状况，防止机组吸入流量不足，防止系统压力超高，避免机组喘振的发生。

(4) 机组负载调整前运行人员应汇报调控中心，由调控中心通知上下游站场。

(5) 机组负载调整完成后，运行人员应向调控中心汇报，并由调控中心通知上下游站场机组运行情况。

五、盘车和怠速(idle)模式

在下列情况下应进行盘车：

(1) 检查机组相关系统的密封性。

(2) 检查燃气发生器转子的灵活性。

(3) 吹扫机组内的残留燃料气。

(4) 机组处于备用状态下的定期空载盘车。

启动盘车程序：

(1) 在计算机控制屏选择盘车"CRANK"软按钮启动盘车。

(2) 系统进行自检，当盘车条件满足时在计算机控制屏控制面板上选择开始"START"启动盘车程序。

(3) 燃气发生器将在液压启动机的拖动下，加速到盘车转速(2200r/min)。

下列原因盘车程序将会停止：

(1) 操作者在计算机控制屏控制面板上选择停止命令。

(2) 机组自检到停机故障。

(3) 操作者在计算机控制屏控制面板上选择其他模式：怠速模式。

(4) 机组部件异常会触发怠速模式。

(5) 燃料气供给温度高。

(6) 燃气轮机空气进气压差高。

(7) 动力透平排气温度显示故障(3个相邻热偶信号丢失或4个热偶故障)。

(8) 燃气发生器排气温度显示故障(3个相邻热偶信号丢失或4个热偶故障)。

(9) 燃气发生器和PT累计加速度振动高(振动高10s后，机组没有停机，正常停机程序将会启动)。

(10)超流量时选择怠速模式、在多台机组同时加载时可将先具备加载条件的机组设置为怠速模式、长时间停机备用时采用怠速模式测试机组。

六、停机

正常停机,在计算机控制屏上选择停机"STOP"命令,机组将根据控制程序,自动执行正常停机命令。

故障停机,机组接收到任何由机组保护系统触发的冷却停机命令后,将自动执行冷却停机流程,工艺管线保持保压状态。

紧急停机,当遇到火灾、爆炸、大量天然气泄漏等重大异常事件,应就近按压"EMERGENCY SHUTDOWN"(紧急停机)按钮。紧急停机时,停机程序自动进行。

紧急停机时,机组立即关闭燃料气关断阀,进出口阀关闭,防喘阀迅速打开,开启放空阀,进行压缩机组工艺系统的放空。

第五节 压缩机组的操作规定和运行管理

机组运行人员应能够熟练进行机组的启停、升降速等操作,了解关键参数运行范围,能够恰当处理异常参数及机组报警情况。启动机组需经管理处调控中心和站领导及技术人员准许后,在专业工程师的监护和指导下,操作人员方能启动,启动时值班人员应及时记录启停等信息。

一、压缩机组启停的操作规定

压缩机组的运行应根据运行方案进行,项目调控中心负责监控、调整和优化压缩机组运行,压气站需根据不同的启停情况和调控中心的指令采取相应的措施。压缩机组启停可分为四类:

(1)按照方案和输量计划要求,启停压缩机组。

(2)根据现场作业要求,比如检修、清管作业、新压缩机组测试、压缩机组保养维修以及压气站辅助系统保养维修等,启停压缩机组。

(3)按照关于压缩机组切换的规定,启停压缩机组。

(4)由于压缩机组本身或辅助系统的故障,所导致的停机及其造成的本站备用压缩机组启停、上下游压气站压缩机组启停。

对于第一类停机,站场应根据运行方案或根据工况计算和调控中心指令启停所需的压缩机组数量及调整运行参数,并上报调控中心,得到同意的指令后方可执行。对于第二类停机,要根据调运管理程序提前上报作业计划,经过审批后方可执行。

人工操作启停压缩机组不应少于两人；压缩机组启停机前，运行人员应提前汇报调控中心。压缩机组启停时，要满足管道运行控制参数要求，如果现场发现异常，要及时上报调控中心。启机时应监视控制界面及压缩机组声响，一旦出现故障应排除，不应带病启机。启动后对压缩机组进行巡回检查，对新压缩机组、检修后的压缩机组应加强巡检，必要时应用仪器测试，直至运行正常。

压缩机组运行时，不应触摸压缩机组高温部件；巡检时应注意燃气轮机是否有喘振，若发现压缩机组存在喘振等异常情况，应立即停机。燃气轮机没有完全停止转动之前不可重新启机。压缩机组启停机完成后，运行人员应向调控中心汇报。

二、压缩机组的负载调整

运行人员应根据调控中心要求进行压缩机组负载调整，并尽可能使压缩机组运行在设计工况点附近，保持压缩机组较高的运行效率，其调整参数包括出口压力、转速、流量等。

运行人员进行升压和加速操作时不能过猛过快，降压降速也应缓慢均匀。运行人员应严密监视压缩机组运行状况，防止压缩机组吸入流量不足及系统压力超高，避免压缩机组喘振的发生。压缩机组负载调整前后运行人员应汇报调控中心。

三、压缩机组的备用和正常停机检查

各站随时保证至少一台压缩机组处于保压上电的热备用状态，其他压缩机组如有条件亦应置于热备用状态。各站合理安排压缩机组的运行，在压缩机组寿命周期内做到均衡投用，保证两台压缩机组累计运行时间间隔应大于单台压缩机组维护保养所需的时间。

压缩机组运行28~30d时应进行一次切换，压缩机组停机15d时应进行一次盘车，盘车时间不得少于10min，压缩机组停机30d时应进行一次点火（在怠速模式下），运转时间不得少于20min。

每次对备用压缩机组盘车和怠速前后，应汇报调控中心并做好记录。正常停机后，应保证预/后润滑泵启动并持续运行预定时间，完成后润滑。压缩机组停机后，应关注干气密封压力，避免润滑油泵启动后润滑油进入压缩机内。

四、压缩机组的状态监测

运行人员应根据项目下发的巡检要求进行巡检，巡检应包括运行压缩机组和停运压缩机组，发现问题时应通过维检修流程提报相关单位。运行人员需要填报压缩机组运行参数；运行人员应做好压缩机组运行趋势曲线的备份，趋势曲线应保存一定时间。

运行人员应随时关注压缩机组及其附属设备（如空压机）的参数和报警信息，发现问题时及时分析、处理；如无特殊情况，压缩机组运行模式、工艺阀门控制模式、防喘阀控制模式等均应置于"AUTO"（自动）；压缩机组出现异常时，运行人员在计算机控制屏上及时保存相关报警、截屏等资料;压缩机组运行过程中出现的需要进行主复归的报警,在复归前必须进行保存。

运行人员应及时擦拭压缩机组油污,清理杂物,保持压缩机组清洁;运行人员应对备用压缩机组的压缩机壳体、燃料气旋风分离器、箱体周围排污管、过滤器、仪表用空气(仪表风)过滤器等进行一次排污,并视运行情况酌情增加频次,做好排污记录,及时填写记录;压缩机壳体排污时原则上应放空至2MPa后进行,燃料气旋风分离器排污后液位不应低于低报警值,压缩机组排污后关闭相关阀门。

运行人员应定期对压缩机组及其附属设备、管线的地基进行检查,发现地基下沉或者支撑不到位的情况应及时上报处理。运行人员应配备压缩机组专用的高可靠性的数据存储设备存储备份,如无特殊说明,压缩机组及其附属设备技术资料、压缩机组台账、压缩机组故障库、相关作业票等应长期保存并及时更新,各种运行记录表格应保存3年以上。

五、压缩机组的试运行和运行故障处理

压缩机组投产完成后前2个月为试运行期,厂家人员需在现场保运。当压缩机组本身或辅助系统故障造成停机时,站场应及时向调控中心汇报停机时间与简单原因,并在信息群中进行通告,在30min内初步判断故障原因及压缩机组恢复运行所需时间,并根据实际情况请示调控中心是否启用备用压缩机组。在故障停机24h内,应按照压缩机组故障停机模板填写停机报告,报送调控中心;若压缩机组在1h内无法恢复运行或现场无法作出判断应立即启动备用压缩机组。

压缩机组发生故障(包括故障停机)后,由站场负责人或技术员进行现场确认,根据设备缺陷性质确定设备维修单位。压缩机组故障停机后需经维修人员处理检定后方可重新启机试运,并怠速运行至少20min。

对不影响压缩机组运行但需停机处理的故障,由站场进行分类统计,根据系统运行方式安排处理。节假日发现的故障,应及时向调控中心和专业工程师通报故障情况,如不影响压缩机组安全运行,并得到管理处许可后可以安排到节日后处理。

压缩机组故障的处理遵循"重大缺陷不过夜"的原则;处理时限原则上不得超过2d。遇下列情况发生,运行人员可操作"紧急停机"按钮:

(1) 危及人身安全时。

(2) 危及设备安全时。

(3) 压缩机组着火时。

(4) 压缩机组保护拒动时。

(5) 压缩机组有异常声响时。

(6) 压缩机组发生严重泄漏时。

(7) 工艺站场发生严重泄漏时。

(8) 其他严重自然灾害或故障发生时。

紧急停机后,应按故障停机程序处理。

第六节 压缩机组的检查和检测

一、压缩机组停机后检查

停机后应到压缩机组箱体内外目视检查管路有无泄漏,有关仪表指示是否正常,有无异常声音和气味,压缩机的润滑油窗口内有无润滑油流动,各阀门是否在正确位置等。用监视器菜单调出压缩机组停机前的振动参数、历史趋势图、润滑油压差、排气温度、压力参数等,综合分析判断,确认压缩机组的完好状态和压缩机组的寿命状态。

压缩机组在停机备用状态下,定期进行冷转或启动运行(具体规定待查)。长期备用的压缩机组要求采用防腐。备用压缩机组的状态可分为热备用和冷备用。

(一) 热备用

电动机控制柜各开关位置不变,仪表用风供应正常,控制柜处于通电待机状态,润滑油温度在允许启动温度以上,整个压缩机组处于启动状态,可以随时投入运行。

(二) 冷备用

主断路器保持闭合状态。电动机控制柜带电,但开关位置置于 OFF 和 AUTO 位置(电机防潮加热器带电);控制柜停电;仪表用空气停止;润滑油加热器停用,但在环境温度很低时,应考虑加热器投用,润滑油温度不应低于5℃,预防排污阀冰堵。

二、压缩机组的振动监测

离心压缩机等转动设备的转子在运转时,其转子的振动与转子的不平衡量、轴承油膜特性有关,因此转子的振幅与振动频率等因素的关系可以反映出转子的轴承以及基础等状态。

随着计算机及软件技术的飞速发展,可以采集到高速采集振动的幅值信号、频率信号、相位等信号,根据振动理论来分析压缩机的运行状态,并且通过计算机网络可以实现压缩机组的远程状态监测与诊断。

大型旋转机械诊断信号分析的目的是提取出转子运行的状态信息,有效的信号处理和运行信息的提取是完成转子状态监测和故障诊断的关键。通过频谱分析、双谱分析、等数学分析手段,将转子的轴心轨迹、时域波形分析等以瀑布图反映出来,供技术人员分析,从而对压缩机的运行状态作出分析判断。这些分析正随着人工智能技术的发展实现自动分析诊断。

通过在线监测系统可以实时地反映压缩机组的机械状态,提前发现机械故障,预测发展趋势,为压缩机组维修提供指导依据,从而避免重大事故突发和盲目的维修,降低运行风险和运行成本。

第七章　压缩机组辅助系统操作

学习范围	考核内容
操作项目	空气系统运行操作
	电气设备操作及安全要求
	润滑油系统运行操作
	燃机燃料气系统运行操作
	燃料气橇系统运行操作
	火气系统运行操作
	电动机控制柜系统运行操作

本章介绍压缩机组辅助系统的工艺要求及操作规程，区分辅助系统与压缩机联动运行和独立运行操作要点；以期读者掌握压缩机组辅助系统的运行参数、操作顺序、工艺参数以及运行质量标准。

第一节　润滑油系统运行操作

润滑油系统提供经过滤的润滑油给发动机轴承和机组的各种运行压力和温度有限制的元件。润滑油系统由机组控制系统监控。润滑油系统由润滑油箱、润滑油冷却系统、润滑油泵、油滤、压力控制器件和温度控制阀组成。

一、润滑油系统运行时过滤器切换

（1）检查接到两个过滤器注油管（或均流管）上的阀为打开状态。
（2）把没有使用的过滤器排掉空气，当阀管中的油流变得均匀后，关闭通气阀。
（3）操作送油阀开动备用过滤器。
（4）关闭在注油管上的阀，打开现在不用的过滤器上的通气阀以泄掉油压，然后把通气阀和排放阀开到最大。
（5）检测和清洁不使用的过滤器并更换过滤筒。

（6）关闭排放阀并打开注油管上的阀，使清洁后的过滤器在紧急情况下能够立即投入使用。一旦油流进入通气管中，立即关闭通风阀。

（7）在备用过滤器进行了如上所述的调整后，通过备用过滤器的均流管保持连续的油流。

二、润滑油系统的准备和启动

（1）确认主储油池已充满推荐等级的油。

（2）检查主储油池的油位。

（3）检查用于油加热的加热器使主储油池的温度达到40℃。

（4）检查辅助润滑油泵输送管线的隔离阀处于打开状态。

（5）检查用于辅助润滑油泵、紧急润滑油泵、蒸气分离器和油冷却器电动机的电源都正常。

（6）检查进行压缩机驱动的燃气轮机已经就绪，可以接收和排出润滑油。

（7）检查确认润滑油过滤器，清洁滤筒，如有必要进行更换。

（8）检查润滑油过滤器的通气和排放阀为关闭状态。

（9）检查油冷却器的排放阀为关闭状态。

（10）检查压力开关、压力表、差压表和变送器等的隔离阀为打开状态。

第二节 燃机燃料气系统运行操作

燃料气系统分成两大部分：燃料气辅助系统、在基板上的燃料气系统。

一、燃料气辅助系统

（一）燃料气辅助系统技术条件

（1）燃料气辅助系统尽可能安装在与燃机箱体接近的地方，自动隔离放空与燃料气隔离阀间最大允许距离为10m。

（2）包括两级燃料气清洁器。

（3）燃料气条件加热器可就地/在橇上控制。

（4）所有管线需隔离且有伴热，须保持管线温度在35℃。

（5）气体放空不能相互连接或和系统中任何放空相连，它们直接排向大气，且要防止水、脏物及其他东西进入。

（6）所有管段均为不锈钢。

（二）燃料气辅助系统流程

由站内天然气总管上引出的高压天然气经过调压橇调压、过滤、加温后，再通过3in

管道，通过切断阀到达旋风式分离器进入分离器，在分离器内部天然气通过离心分离作用，将天然气中的液相物、固相物分离，被分离的液相物在分离器内到达一定位置后，排污阀会自动打开排污。

在旋风分离器上部安装有安全放空阀，当分离器内压力达到4600kPa时安全阀打开，多余气体排放到安全区。

达到清洁标准的燃料气通过分离器上部管道进入燃料气加温器加温。经过加温的燃料气通过燃料气流量计计量后再经过切断阀到达在箱体内的燃料气系统。在燃料气加热器后安装有安全放空阀，设定压力为4600kPa，当压力达到此值时安全阀打开，多余气体排放至安全区域。

二、基板上的燃料气系统

（一）基板上的燃料气系统技术条件

(1) 润滑油橇上必须为压力指示器的安装留有空间。

(2) 所有放空管在稳定状态下，流量可忽略。

(3) 放空不要和其他放空系统相连，放空必须直接释放到大气中的安全区域，并在合适的位置，以免燃气进入机组的进气过滤器。放空管线必须合理安排，以免水、脏物及其他物质进入。

(4) 所有放空管线底部不应有积液，在机组停机且燃料气管线不带压时进行定期检查。

(5) 燃料气切断阀必须有100ms的最大关断时间，并有4级密封。

(6) 所有的引压管必须倾斜，不存油。

(7) 所有连接管段必须隔离绝缘并伴热保持35℃。

(8) 放空用于在打开两个燃料气切断阀之前加热燃料气管线（在燃料气进入发动机之前）达到允许温度。

（二）基板上的燃料气系统流程

燃气发生器的燃料气来自压气站的输气总管上，通过燃料气调压橇的调节后进入机房内的燃料气辅助橇。首先通过一根管路进入旋风分离器，经过分离器处理后的燃料气进入燃料气加温器，经过加热处理后的燃料气经过流量计，通断阀进入箱体内的燃料气系统。

燃料气进入箱体后通过两个相同的燃料气隔离阀，然后到达燃料气调节阀，经过调节后的燃料气供给燃料气总管分配，再经燃料喷嘴喷入燃气发生器燃烧室内燃烧。在燃料气隔离阀前有一温升放空阀，此阀在启动点火前打开，以快速提高燃料气温度，以提高点火成功率，机组停机时打开，以放空燃料气切断阀前部管路内的燃料气。

第三节　燃料气橇系统运行操作

一、投用操作

（1）投运前检查：确认所有阀门、排污阀、放空阀处于关闭状态，若有未关闭的阀门，将其关闭。

（2）打开过滤器差压表三阀组的平衡阀，避免升压后前后压差瞬间增大损坏差压变送器。缓慢打开橇入口管段上的压力表截止阀，观察上游管道压力。

（3）将调压器指挥器的压力设定调节螺栓彻底旋松，使调压器阀口处于关闭状态。

（4）将监控安全切断阀（如果有的话）和工作安全切断阀的压力设定调节旋钮彻底旋紧，使切断阀处于打开状态，检查切断阀是否处于打开状态，如果切断阀没有打开，则检查切断阀的触发开关是否复位。

（5）缓慢打开一路入口球阀向此路供气。打开压力表截止阀。

（6）气体进入电加热器内，启动电加热器，待电加热器出口温度达到设定值时，再依次对安全切断阀、工作安全切断阀、工作调压器的压力值进行设定。

（7）将工作调压器指挥器的压力设定调节旋钮缓慢旋紧，使工作调压器阀口缓慢打开。观察调压出口压力表显示的压力值，直到显示值为用户要设定切断阀压力值为止。

（8）缓慢放松安全切断阀压力设定调节旋钮，直至听到气流从安全切断阀与大气相通的引压导流管流出的声音，同时安全切断阀切断，切断阀压力设定完毕。

（9）缓慢放松监控调压器指挥器的压力设定调节旋钮至完全放松，扳着安全切断阀的压力平衡杆，用复位扳手将安全切断阀打开。然后重新缓慢旋紧监控调压器压力设定旋钮，观察调压出口管段的压力表读数，直至达到监控调压阀设定压力。

（10）缓慢放松工作调压器指挥器上的压力设定调节旋钮至完全放松，打开此路调压后管段的放空阀，将调压出口管段内压力泄放至低于要设定的工作调压器的设定值，然后重新旋紧工作调压器指挥器上的压力设定旋钮，观察出口的压力表读数，读数达到工作调压器要设定值为止。过30min后观察压力表显示的压力值，如果压力值不发生变化，此时将工作调压器的压力设定调节旋钮的锁紧装置锁紧即可。

按以上步骤根据要求的设定值设置另一支路。

二、压力调节操作

调压器出口压力调整，调压器上下游阀门处于开启状态，停运安全切断阀，使其始终处于开启状态。如果是要提高出口压力，则先松开调压器指挥器调整螺栓的锁紧螺母，然后顺时针慢慢向里旋进调整螺栓，每次以1/4圈为一步，观察下游出口压力，直至达到需要的压力值为止。最后拧紧调整螺栓的锁紧螺母。如果是要降低出口的检测压力，则先松开调压器指挥器调整螺栓的锁紧螺母，然后逆时针慢慢向外旋出调整螺栓，每次以1/4圈为一步。观察下游出口压力，直至达到需要的压力值为止。最后拧紧调整螺栓的锁紧螺母。

安全切断阀设定值调整，关闭上下游阀门，放空调压支路中的天然气，确认安全切断处于完全开启状态；顺时针完全拧进安全切断阀切断压力调整螺栓；缓慢打开上游阀门，向系统供气，调整调压阀出口压力，使检测到的出口压力达到安全切断目标值，保持该压力；缓慢逆时针旋转切断压力调整螺栓，直至安全切断阀切断。此时的出口压力目标值即为安全切断阀切断压力，最后锁紧切断压力调整螺栓的锁紧螺母。

安全切断阀复位，安全切断阀自动切断后需要人工复位，复位前应使安全切断阀前后的压力基本平衡。然后按下复位按钮。

三、放空操作

（1）关闭需放空支路部分进出口球阀。
（2）关闭差压表上下游截止阀，停用差压变送器。
（3）检查进出口球阀的内漏情况，打开两球阀阀腔放空口，确认阀腔气体可以排净，如出现排放不净的情况，对球阀进行维护。
（4）打开放空球阀，缓慢调整节流截止放空阀开度，对分离支路进行放空。
（5）确认分离支路压力表示数为0时，关闭放空球阀及节流截止放空阀，该分离支路完成放空。

四、切换支路操作

（1）重新设定对调主用路和备用路的工作调节阀、监控调节阀和切断阀的设定值。
（2）观察下游压力稳定在要求的设定值。
（3）保持备用支路进出口阀门打开、切断阀打开。

第四节　空气系统运行操作

涡轮发动机空气系统用于给润滑油密封加压以及冷却涡轮转盘。发动机压缩机转子被启动机带转时，发动机就开始产生压缩空气。

一、密封润滑油的增压气

发动机有四股增压空气用于迷宫式密封以阻止来自轴承的润滑油泄漏，在压缩机转子前轴承、压缩机转子后轴承、燃气发生器转子轴承和动力涡轮前轴承各处润滑油的密封就是取自压缩机壳体外面的第 8 级压缩机放气得到的增压空气。去压缩机转子前轴承密封的气管是管系中单一的一段，它围绕在发动机外围和进气道的前端去轴承密封区。去燃气发生器转子轴承和动力涡轮前轴承润滑油密封的缓冲空气分别经过安装在发动机上的外管进入燃气发生器的轴承支座腔内，然后它们直接经内管到达燃气发生器转子轴承密封区，该缓冲空气还用来冷却第 2、3、4 级涡轮盘。该缓冲空气也服务于这些增压的润滑油密封。从压缩机转子排气口来的增压气，用于压缩机转子后轴承的增压的润滑油密封。密封气的泄漏部分经迷宫式密封件进入轴承座腔内，又经发动机润滑油泄油管路返回主润滑油箱，并经润滑油箱放气管排入大气。

二、涡轮冷却气

来自压缩机扩压段的一部分空气用于冷却。该冷却气围绕环形燃烧室组件，有内外两个气流分管。内管在内护套和燃烧室内板到前旋流器（涡旋式喷嘴）之间分布。一些冷却气流经小孔，而小孔们环绕燃烧室内板，允许冷却气进入燃烧室。冷却气流通过内板进入第一级隔板和旋流器去冷却燃气发生器转子的轮盘。

燃气发生器的第一级涡轮采用的冷空气，离开旋流器流入前边缘密封装置形成的内腔，而边缘附加到第一级转子的轮盘上。边缘密封的各孔在转子叶片下，冷却气直接冷却附件。每个叶片都有三通的内部热对流冷却环路，通过的所有冷却气上升到前缘，下降到弦线中点通道，然后上升和向外蔓延到边孔。

向外的冷却气支路在燃烧室的外壳和燃烧室衬板之间分配，经过火炬点火喷嘴流到外支撑和外锥体之间，后通到涡轮喷嘴支撑架。小孔环绕外板，允许冷却气进入燃烧室。

冷却气流经燃烧室衬板，直接流向第一级涡轮喷嘴，经过环形滤网，在此处冷却涡轮喷嘴的支撑架前端的护套。冷却气经过网屏滤掉能堵塞冷却气孔的足够大的颗粒。冷却气传输给安装在冷却护罩里的气管后，直接送进第一级涡轮喷嘴的整流片，该整流片由 2 个叶片组成的，采用内部气冷，是冲击和热对流冷却的组合。

当内冷却气经过靠近前缘的管孔而离开叶片时，每个叶片的镀膜外层受到冷却。冷却气经过输送管进入每一个第二级涡轮喷嘴的整流片，而输送管正好与喷嘴支撑架上所钻的孔相配。冷气经过孔接近每个叶片的后缘。

第五节　火气系统运行操作

一、一般规定

火气系统（FGS）的一般规定如下：
(1) 火气系统应满足可靠性、可用性、可维护性、可追溯性和经济性要求。

(2) 火气系统的构成应使中间环节最少。

(3) 火气系统应通过硬线与现场仪表和设备连接。

(4) 火气系统应具有系统硬件和软件自诊断功能。

最终执行元件应由安全逻辑控制，不应手动干预安全逻辑的运行。

火气系统的最终执行元件如紧急切断阀、紧急释放阀、雨淋阀等的开关控制，应由火气系统根据因果表逻辑判断完成，不应在站控系统画面上设置最终执行元件的手动操作开关/按钮。手动操作如果确实需要使用，只有两个途径：一是在工程师站上强制；二是通过对输入参数维护超驰，断开逻辑。采取这些措施会使系统处于维护（不安全）状态，工程师应尽快处理问题，尽早取消强制或超驰，使系统返回安全状态。

二、火气系统与辅助操作设备要求

火气系统包括：独立的逻辑控制程序、火焰和气体探头及二次仪表盘、消防泵和稳压泵等单体设备、消防水箱。

火气系统的一般要求：

(1) 火灾、气体浓度探测器安装在重点工艺区和密闭的生产环境中。

(2) 火气系统具有对现场火灾、气体浓度探头的逻辑处理功能。

(3) 实现紧急情况下气体浓度与紧急排风系统的联动控制功能。

(4) 在计算机控制屏界面提供图像和声音报警功能，报警事件实时传输到本地站控及调控中心。

(5) 对消防泵、稳压泵、消防水箱进行远程的监控。

第六节　电动机控制柜系统运行操作

一、电动机控制柜供电前检查

(1) 检查盘柜左侧进线处接地是否可靠。

(2) 检查对设备输出线路电缆绝缘是否良好。

(3) 检查各接线端子、电缆连接处是否牢固。

(4) 检查柜内电缆进出线处孔洞是否封堵。

(5) 检查配电柜抽屉的回路标识是否与现场设备相符。

(6) 检查抽屉柜回路开关操作是否灵活、动作是否可靠。

(7) 对带有试电测试的抽屉进行试电。

(8) 若在试电测试出现系统问题及时处理。

二、电动机控制柜上电操作

（1）收到指令，电动机控制柜润滑油箱加热器供电。
（2）现场操作人员检查设备接线端是否正确，接地是否良好。
（3）电动机控制柜打开，抽屉柜检查内部接线是否牢固可靠，抽屉操纵开关是否灵活。
（4）检查完毕，将抽屉柜恢复原位，随后通知站控值班人员及现场监护人员即将送电。
（5）将抽屉右侧指示灯下方手自动转换开关打到自动远程位置，再将抽屉板左侧开关顺时针方向旋转至通电位置"ON"，此时绿色指示灯"STOP"亮，电已安全输出。
（6）送电完成后通知站控值班人员及现场监护人员可以实施站控启动润滑油加热器。
（7）启动完毕后，电动机控制柜抽屉红色指示灯 RUN 亮起，通知现场监护人员观察润滑油加热器是否正常运行。
（8）通知站控室润滑油加热器送电启动完毕。

第七节　电气设备操作及安全要求

一、电气设备操作规程

（一）启动前电气系统的检查和准备

（1）逆变器供电正常，蓄电池电压在额定值 24V DC。
（2）电动机控制柜用电设备操作及检查。
（3）启动空气压缩机及干燥系统，检查净化空气储气罐的压力正常后，向机组及所有用气设备供气。
（4）主控制柜及柜内设备通电，控制系统启动并处于待命状态。
（5）置"ACKNOWLEDGE RESET"开关于"RESET"位置一次，消除一切已确认的报警和停车信息，使系统复位。

（二）压缩机用蓄电池操作及维护

以 SOLAR 公司燃气涡轮机组的电气控制系统中铅钙（Lead-Calcium）蓄电池为例，蓄电池中的液体、有效物质或凝胶，能够严重地烧伤人的皮肤和眼睛，应避免接触蓄电池的电解液。工作中接触到蓄电池的酸时，要佩戴保护手套、面罩，穿工作服。不能使任何酸液进入嘴里，也不能采用会引起皮肤、嘴或者眼睛接触到酸的搬运方法。

铅钙蓄电池使用钙作为正极板栅内的添加剂，这种铅钙合金不会影响到负极板，由于在电气性能上，钙相对于铅是负极，不易溶化形成正极，而少量的钙已经释放，不会在负极材料上沉淀。这种类型的蓄电池，在连续充电时，不需要均衡充电。所以这类蓄电池有较高的可靠度和极长的寿命期望值，不易发生频繁的深度放电。

SOLAR 公司应用的铅钙蓄电池通常是一种阀控铅酸型电池，是一种免维护气体复合型电池，使用了一种固定的电极凝胶，电池是全密封的。安全阀会在过充电或过压时打开。这类型电池的电解液位不能调整，电解液的密度也不能调整。

1. 准备

铅钙蓄电池在发货前已经充好电。准备使用时，除非存放了很长时间，一般不需要充电。

清洗电缆端头，观察系统极性。先连接电缆正端，然后连接电缆负端。移走电池时，先断开负端。用棉布清洁电池的上面和后面。

电池在运输过程中可能会有电荷的损失，或者开路静态损失，而对于铅钙蓄电池，内部损失通常可忽略不计。也可不必激活电池。

2. 安装前检查蓄电池

铅钙蓄电池应该用可调电压充电器给它的输出端浮冲到 2.20~2.25V。在该值范围内，不必均衡充电，但是如果每个电池充电电压限制在不超过 2.27V，也可以应用均衡充电。

电池充电器的操作取决于其型号和使用状态，参看用于本设备的电池充电器的电路图。

3. 电池和充电器维修

在电池组或充电器工作之前，充电器必须断开，电池回路的电流断路器也必须打开。为了维修，电池组必须处于纯化(无源)状态，也就是既不充电，也不放电。机组必须停转，后润滑周期已完成，控制系统停机。电池充电器必须断开，任何电池回路中的电流断路器应打开。

在开始工作之前，进行适当的封锁和标识工艺过程，以与危险的能源隔离。必须使用制造厂的电池材料安全数据表(MSDS)，阅读和理解 MSDS 及电池的电解液/酸工作时的危险性质。

电池组产生的氢气有很高的可燃性，要防火和防爆，使火花和其他火源远离电池组。

注意电池接线端不能碰上金属材料或落下之物而导致电池短路。维修电池时，要穿戴上保护设备，包括但不限于：橡皮手套、护目镜、面罩、橡胶鞋和长袖工作服等。不携带贵重物品，如手表、环状物、手镯或其他金属饰品，只穿戴绝缘衣物。

注意不要把液体密度计用于铅酸(包括铅钙)蓄电池和镉镍蓄电池，电池各型号之间少量的电解液混合会引起电池损坏。

如果少量电池存在着电压和密度的差别，例如，这些电池由于壳体变形、褪色或受污染，或者内极剥落(去氧化皮)终端接线端子处电解液的泄漏等，则意味着电池出现损伤或故障。

检查置放电池的机架是否牢靠，检查所有的螺栓是否都拧紧。检查电池和机架是否有污物及灰尘、潮湿及腐蚀，按需要进行清洗。清洁电池组不能使用溶剂，只能用干净的棉布和干净的水擦抹。

检查电池中电解液的液位，如需要，增加蒸馏水或去离子水，以达到合适的电解液液位。

分组测量两个 60V 电压，测量单个电池的电压(如果单个电池不能测量的话则测量多电池组的电压)，记录电压值并与性能手册上的电压测量值进行比较。如果任何一只电池的电压明显低于其他电池的电压，则测量所有电池的密度，但不测量密封电池的密度。电池的电压应该在平均电压的 3% 以内，如果电池组工作时间小于 6 个月，则波动 4% 也合理。

对于铅酸蓄电池来说，低的密度通常指示电池已不能充电；对于镉镍电池来说低的密度指示了有不合格的混合物产生或过量的水稀释(冲淡)。

如果测试表明电池在可接受的误差范围内，则用不易氧化的润滑脂或硝化甘油涂在电池的接线端子处，不允许润滑脂涂到塑料元件或电池壳体上。

检查充电器是否正常运行。用精确度为±0.5%的电压表检查电池的输出电压，检查充电器在浮充状态和高速设定下的输出电压。

如果后润滑电动机的手动试验按正常方式进行，则电池组也按正常进行。如果后润滑的电动机试验不直接进行，则闭合电池回路的电流断路器开关旋转到充电位置。

二、安全要求

电气的安全包括供电系统的安全、用电设备的安全及人身安全三个方面，以下从一般措施、技术措施、组织措施三方面讲解。

(一) 安全用电的一般措施

1. 加强安全教育

触电事故往往不给人以任何预兆，并且往往在极短的时间内造成不可挽回的严重后果。因此，必须加强安全教育，并以预防为主，树立安全第一的观点，力争供电系统无事故运行，彻底消灭人身触电事故。

2. 建立健全规章制度

供电系统中的很多事故都是由于制度不健全或违反操作规程造成的，因此必须建立健全必要的规章制度，特别是要建立和健全岗位责任制。

3. 确保供电工程的设计安装质量

"精心设计，精心施工"，严格设计审批手续和竣工验收制度，确保供电工程的质量。

4. 加强运行维护和检修试验工作

加强日常运行维护工作和定期的检修试验工作，力求"防患于未然"。

5. 采用安全电压和防爆电器

对于容易触电的场所和手持电器,应采用国家规定的安全电压。在易燃易爆场所,应按国家有关规定,正确选择和使用相应类型和级别的防爆电气设备。

6. 采用电气安全用具

为了防止电气工作人员在工作中发生触电事故,必须使用电气安全用具,通常将安全用具分为基本安全用具和辅助安全用具两大类。基本安全用具是绝缘强度足以承受电气设备运行电压的安全用具,常用的有绝缘棒、绝缘夹钳等。辅助安全用具是绝缘强度不足以完全承受电气设备的工作电压,只能加强基本安全用具的保安作用,用来防止接触电压、跨步电压、电弧灼伤对操作人员的危害,如绝缘手套、绝缘靴、绝缘垫台、高压验电器、低压试电笔等。

7. 普及安全用电常识

电气工作人员应注意向用户和广大群众宣传安全用电的意义,大力普及安全用电常识。

(二) 安全用电的技术措施

在供电系统的运行、维护过程中,电气工作人员在全部停电或部分停电的电气设备上工作,必须完成下列技术措施。

1. 停电

设备停电,必须把工作范围内的电源完全断开,并至少有一个明显的断开点(如隔离开关等)。电气工作人员应在停电设备的范围内工作,并与带电部分保持规定的安全距离。

2. 验电

验电时,必须使用电压等级合适、经试验合格、试验期限有效的验电器。验电前,应将验电器在带电的设备上试验,以确定是否良好。高压验电时,应戴绝缘手套。

3. 装设临时接地线

验电之前,应先准备好接地线,并将其接地端接到接地网(极)的接头上。当验明电气设备确无电压后,应将待检修设备三相短路后接地,以保证检修人员的安全。拆接地线的顺序与安装地线的顺序相反。装、拆接地线均应使用绝缘棒或戴绝缘手套。对带有电容的设备(如电缆等),安装接地线之前,应先使设备对地进行充分放电。

4. 悬挂标示牌和装设遮栏

根据现场情况选用种类合适的标志牌,如"禁止合闸,有人工作!""止步,高压危险"等,按调度员命令的悬挂地点执行。对于部分停电的设备、安全距离小于规定距离以内的未停电设备,应安装临时遮栏。临时遮栏与带电部分的距离应符合安全距离的要求。临时遮栏上应悬挂"止步,高压危险!"的标志牌。

(三) 安全用电的组织措施

安全用电的组织措施,是为保证人身和设备安全而制定的各种制度、规定和手续。

1. 工作票

工作票是准许在电气设备上工作的书面命令。

2. 工作许可制度

工作许可人应负责审查工作票所列安全措施是否正确完备，是否符合现场条件。在工作过程中，工作许可人若发现有违反安全工作规程或拆除某些安全措施时，应及时命令停止工作，并进行更正。

3. 工作监护制度

工作监护制度是保证人身安全及正确操作的主要措施。监护人的安全技术等级应高于操作人。监护人在执行监护时，应专心监护，不能兼作其他。

4. 工作间断和转移制度

工作间断(午休、吃饭)或遇雷雨等威胁工作人员安全时，应让全部工作人员撤离现场。工作票仍由工作负责人保存，所有安全措施不能变动。继续工作时，无须通过工作许可人，但工作负责人必须向全体工作人员重申安全措施。

5. 工作终结和送电制度

全部工作完毕后，工作人员应清理现场、清点工具、检查接线是否正确等，一切正确无误后，全体工作人员撤离工作地点。宣布工作终结后，方可办理送电手续。

第八章 压缩机组一般运行管理

学习范围	考核内容
操作项目	压缩机组不常用时检查
	压缩机组运行中的检查
	压缩机组一般性检查
	压缩机组中间检查
	压缩机组间隔性检查

本章介绍压气站及压缩机组运行管理的一般要求，以期读者掌握压缩机组运行及管理的标准和安全要求。

压缩机组运行及检查管理

预防性维护是使设备故障时间减少到最低的关键。通过积极的预期维护，设备能更有效地运行，故障维护将减到最少。

一、不常用设备检查

在无人职守设备、远控设备或不常用设备中，以下检查可根据需要随时开展。必要时，应采取补救措施。

(1) 检查油箱和润滑器油位。
(2) 检查有无足够的天然气燃料供应。
(3) 检查电源(充电电池、充电器是否正常工作)。
(4) 检查润滑油和燃料气是否泄漏(用检漏仪进行天然气燃料泄漏检查)。
(5) 检查电气连接的绝缘有无腐蚀、磨损等等。
(6) 检查管线和软管有无磨损或变质。
(7) 检查进气导管、滤网和过滤器有无杂质或堵塞。
(8) 检查排气系统有无堵塞，周围有无可燃物质。

(9) 确信燃料排污系统无堵塞。

(10) 检查管线上过滤器集水器有无水分积聚，如果有进行排放。

(11) 观察辅助润滑油泵和辅助密封油泵马达的驱动联轴节有无过量磨损。

(12) 检查油位调节器，检查缓流表(如果安装)，并记录仪表读数。

(13) 观察燃气轮机外部运行情况是否异常(褪色、断裂、泄漏等)。

(14) 观察外部机械连接有无过量磨损或松动(比如燃料节流阀泄漏)。

二、运行中的检查

(1) 检查所有的仪表和指示器，以确保设备正常运行。

(2) 记录燃气轮机运行参数。

(3) 检查润滑油过滤器差压表和(或)过滤器维护指示按钮，记录压差读数。

(4) 检查辅助和启动器马达润滑器有无足够的油流(60~100滴/min)。

(5) 在长期连续运行时，每24h检查油箱油位。

(6) 遇到任何不正常状况时，都必须查出原因。

为了确保燃气轮机运行符合要求，请特别注意以下几点：

(1) 运行中的振动和噪音，或其他不正常运行状况。

(2) 启动时的加速时间变化。

(3) 在计划检修期间所需维护工作量。

(4) 在给定负载和环境温度下燃气轮机温度的升高。

三、一般性检查

建议1~3个月的时间间隔进行下面的检查。进行这些项目的检查，需停机约3h。

(1) 进行"运行中的检查"中所列举的项目。

(2) 检查温度和速度显示表的设定。

(3) 检查油过滤器、燃料过滤器(包括天然气燃料控制阀过滤器)和空气进口过滤器。

(4) 根据需要对燃气轮机压气机组进行溶剂或磨料清洗。

(5) 清除机体外部的灰尘、碎片、油污、污垢或其他外物。

(6) 对气动辅助润滑油泵马达和辅助密封油泵马达以及启动马达进行润滑(当使用天然气时，这些马达有一个润滑器)，检查工作是否正常。

四、中间检查

建议2~4个月的时间间隔进行下面的检查。进行这些项目的检查，需停机10~12h。

(1) 进行"一般性检查"中所列举的项目。

(2) 在更换油过滤器时，取油样进行化学分析。

(3) 检查所有的仪表工作是否正常。

(4) 拆下燃料阀，分解、清洗并重新安装。

(5) 拆下空气泄放阀和可转导叶执行器，分解、清洗并重新安装。

(6) 检查空气系统有无泄漏。

(7) 拆下转速磁性传感器，检查、清洗并重新安装。

(8) 检查速度和温度控制单元中的设定。

(9) 检查自动加注系统(润滑油)部件的可靠性、泄漏情况和运行情况。

(10) 检查燃料提升控制阀的可靠性和灵活性。

(11) 检查控制气的过滤器，如果需要进行清洗。

(12) 对燃料喷嘴和燃烧室进行检查。

(13) 进行燃气轮机振动分析。

五、间隔性检查

最初运行1000h后和正常运行以后每4~8个月的时间间隔，进行以下项目的检查。

(1) 进行"中间检查"中所列举的项目。

(2) 检查节流阀和伺服执行器的连接是否可靠和工作是否正常。

(3) 取下火花塞和电缆；检查、清洗、必要时进行更换，并重新安装。

(4) 检查空气进口通道和护罩、附件驱动组件等，必要时进行维护。

(5) 检查燃气轮机安装的危险性和安全性。

(6) 检查温度热电偶，必要时进行更换。

(7) 检查气动启动器有无磨损或泄漏，检查电启动器电刷磨损情况。

(8) 检查油冷却器有无阻碍冷却气体流动的灰尘、污垢或其他外物堆积。

(9) 检变油冷却器风扇叶片有无摩擦或其他损坏。

(10) 检查油箱加热器是否清洁，工作是否正常。

(11) 检查油压安全阀工作是否正常，必要时进行清洗和调整。

(12) 清洗并检查密封油/天然气压差调节阀。

(13) 清洗并检查密封油/天然气分离器滤芯。

(14) 清洗密封油集油器，进行故障和安全检查，必要时进行调整和校正。

(15) 记录下列参数的初始和调整后的读数：油温、油压、预润滑油压、排气温度、涡轮进口温度和超速。

第九章　压缩机组一般维护

学习范围	考核内容
操作项目	压缩机组的例行检查
	压缩机组的定期维护保养
	压缩机组的排污
	安全阀检定
	燃气轮机压缩机清洗

本章介绍压缩机组一般维护的部位和内容，压缩机组及各系统维护的意义和要求，以期读者掌握压缩机组及辅助设备一般维护的操作要点和具体标准要求、维护周期。

第一节　例行检查

一、日常检查

（1）检查所有管线法兰、软管连接、密封点应无泄漏。
（2）检查燃气轮机和压缩机运行是否存在异常声响。
（3）监控控制面板上的各监控参数是否处于正常工作范围。
（4）检查备用机组各加热器是否处于正确状态。
（5）消防系统已处于投用状态。
（6）检查现场控制盘是否存在报警信息。

二、周度检查

（1）对天然气管线的各引压管、法兰进行检漏。
（2）根据运行情况，检查各参数是否在正常范围内。
（3）检查箱体通风系统是否工作正常。
（4）检查可转导叶系统。

(5) 检查防喘阀位置指示与控制器是否一致。

(6) 检查加载阀、气动放空阀动力气源压力是否正常，是否有漏气现象。

(7) 检查润滑油油箱液位，并查看历史趋势，确认是否存在泄漏点。

(8) 检查油冷器外罩是否存在杂物。

(9) 检查备用机组的润滑油温度，检查油箱加热器是否处于投运状态。

(10) 检查各润滑油管路是否存在漏油现象。

(11) 检查干气密封加热器是否工作正常。

(12) 检查燃料气处理橇过滤器液位是否正常，加热器是否处于正确状态。

(13) 检查燃料气进气压力是否存在较大波动，是否处于正常的工作范围。

(14) 检查各过滤器的差压是否正常，如果差压呈上升的趋势，需切换机组，对滤芯进行吹扫处理或更换滤芯，各站场根据实际情况，可按照运行 8000h 更换一次全部滤芯考虑。

(15) 检查燃气轮机进气滤芯外表是否有损坏。

(16) 清洁机组表面卫生。

(17) 定期提取润滑油油样进行化验。

第二节　定期维护保养

例行维护检修包括日维护、周维护以及任何停机情况下所进行的维护检修。其主要分为以下五个等级：

(1) Ⅰ级维护检修。

(2) Ⅰa级：机组每累计运行 4000h 进行的维护检修。

(3) Ⅰb级：机组每累计运行 8000h 进行的维护检修。

(4) Ⅱ级维护检修：机组每累计运行 25000h 进行的维护检修。

(5) Ⅲ级维护检修：机组每累计运行 50000h 进行的维护检修。

一、Ⅰa级维护检修

(一) 燃气发生器

(1) 检查外部管道应无磨损、裂纹、压坑、变形、漏气，并检查导线连接锁紧装置。

(2) 检查进气道，进口整流支板和可见的压气机叶片应无污垢和损坏。

(3) 检查并清洗高压空气的过滤器。

(4) 检查并清理放气阀的控制电磁阀。

(5) 校准并检查可调进口导流叶片操作机构的灵活性。

(6) 检查空气流量控制系统的设定。

（7）现场的空气压缩机正常工作后，应提供大于800kPa的出口压力，空气罐充满待用。

（8）检查点火火花塞并进行放电试验。

（9）检查伸缩节的密封性，目视检查伸缩节有无破损，检查伸缩节端面连接是否牢靠。

（10）拆下液压启动电机/齿轮箱排放塞，检查有无金属屑。

（11）压气机清洗，清洗后必须对燃气发生器的排污阀进行检查，以确保未被堵塞，清洗剂可以顺畅排放。若发现堵塞，需按要求清洗。

（12）检查燃气发生器润滑油橇润滑油流量控制阀，按照流量控制阀使用的校验要求进行检验。

（13）检查磁性探测器探头。

（14）清洁轴承润滑油回油栅。

（15）检查所有排污阀。

（16）检查燃料气过滤器。

（二）动力涡轮及压缩机

（1）检查设备地脚螺栓、螺母的固定，用扳手检查其固定的程度，应紧固无松动。

（2）动力涡轮密封空气系统静态检查。

（3）检查压缩机所有接头的紧密性，应紧固无松动。

（4）压缩机入口过滤器检查。

（5）启动过程做振动评估。

（三）控制系统

（1）检查燃料控制系统。

（2）检查、调整转速传感器。

（3）超速系统模拟检查。

（4）检查位移传感器和振动监测系统，通过监视器观察变化，如无异常，不做拆卸检查。

（5）检查接线板、接线盒中应无连接松动，并清理污物。

（6）检查并清理控制柜风扇空气过滤器。

（7）检查所有指示灯。

（四）其他系统

（1）检查进气系统有无老化和积水，对老化程度进行记载，对积水进行清理。

（2）检查进气系统所有接头及密封件，对松动处进行紧固应保证连接可靠，密封失效的应对密封件进行更换，使空气无泄漏。

(3) 检查所有防火百叶窗的功能，拉动百叶窗的控制杆拉环，使百叶窗关闭或打开，检查控制系统的灵活性。

(4) 检查舱室的门，确保安全灵活；检查所有接地导线无腐蚀；检查入口通道部分无变形。

(5) 检查消防和气体探测系统。

(6) 检查并按要求润滑（根据需要）电机和阀门。

(7) 用兆欧表检查所有电机绝缘电阻。

(8) 检查所有系统软管和接头有无老化和松动，对老化现象进行记录，老化严重的应进行更换，对接头松动的进行紧固处理。

(9) 检查启动系统过滤器，拆下过滤器并清洗。

(10) 检查启动机停机前、后系统设定。

(11) 燃气发生器温度控制阀功能检查。

(12) 主润滑油系统温度控制阀的校准。

(13) 检查冷却器有无脏污，目视检查所有冷却器，并擦洗冷却器外部。

(14) 检查所有液位显示器指示是否正确。

(15) 目视检查所有控制阀的开关位置，确认处于完好状态。

(16) 检查箱体有无泄漏，若有泄漏详细记录并报技术部门协商处理。

(17) 检查排气隔热套有无损坏、烧坏、浸油，并检查整体状况。

(18) 清洁箱体内部。

二、Ⅰb级维护检修

机组每累计运行8000h维护检修，除完成燃气发生器、动力涡轮、压缩机、控制系统及其他系统Ⅰa级维护检修内容外还包含以下。

（一）燃气发生器

(1) 使用孔探仪检查燃气发生器内部。

(2) 对燃气发生器上安装的电器元件进行绝缘电阻和直流电阻检查。

(3) 对振动探测系统功能测试和校准，包括对加速度计进行振动试验。

（二）动力涡轮和压缩机

(1) 检查动力涡轮与压缩机对中，用对中工具进行对中检查并分析，根据检查结果确定是否重新对中。

(2) 检查主驱动轴联轴器，目视检查驱动联轴器有无缺陷，主要是与动力涡轮驱动端连接面、与压缩机驱动端连接面有无损伤，并做详细记录。

(3) 用塞规检查叶尖间隙，目视检查二级动叶片有否受损。

(4) 检查联轴器护罩上的呼吸器滤芯，必要时清洗和更换。

(5) 检查压缩机地脚螺栓、螺母、定位销及总体状态。

(6) 停机之前根据压缩机各工作参数进行性能分析。

(7) 检查干气密封过滤器滤芯，根据检查情况决定是否更换。

(8) 检查压缩机入口过滤器堵塞情况。

(三) 控制系统

(1) 校准并检查报警信号系统，报警信号分为转速信号、温度信号、压力压差信号、振动(速度和位移)信号。

(2) 校准并检查所有设备控制板。

(3) 检查并校准所有温度表、所有压力表；所有压力开关设定、所有温度开关设定。

(4) 检查所有压力和温度变送器的功能，拆卸所有压力、温度变送器用标准校验仪校验。

(5) 检查所有电磁阀的状况，包括静态检查和通电检查。

(四) 其他系统

(1) 清洁进气过滤系统。

(2) 检查油、气过滤器，根据过滤器差压和滤芯污染情况决定是否更换滤芯(包括辅助空气过滤器、主润滑油过滤器、燃气发生器润滑油过滤器、燃气发生器高压油过滤器、启动系统过滤器)。

(3) 检查并校准所有开关装置设定和电动机控制中心设定。

(4) 检查所有电机的温升、转速、电流和绝缘电阻。

(5) 机组配电系统按照公司统一的电气春秋检内容进行检查。

三、Ⅱ级维护检修

完成Ⅰb级维护检修，不包括燃气发生器的孔探仪检查。

(1) 对动力涡轮振动数据评定，决定是否对动力涡轮轴承进行检查。

(2) 对压缩机振动数据评定，决定是否对压缩机轴承进行检查。

(3) 拆卸燃气发生器，换上备用燃气发生器，换下的燃气发生器返厂进行热端部件检修。

(4) 对机组进行72h的性能测试考核。

(5) 对干气密封进行拆解检查，并返厂进行维护保养。

四、Ⅲ级维护检修

完成Ⅰb级维护检修，不包括该维护范围所包含的对燃气发生器的孔探仪检查。

(1) 从机组拆下燃气发生器并安装新的或经过大修的燃气发生器，拆下的燃气发生器返厂大修。

(2) 对动力涡轮进行整体检查。
① 根据检验情况更换动力涡轮振动传感器和转速传感器。
② 根据检验情况更换动力涡轮轴承。
(3) 对压缩机进行解体检查。
① 根据检验情况更换压缩机干气密封装置。
② 根据检验情况更换压缩机迷宫式封严装置。
③ 根据检验情况更换压缩机振动传感器。
④ 拆下压缩机转子进行整体检验，包括内部静止部件。
⑤ 根据检验情况更换径向轴承、推力轴承。
(4) 对压缩机机组进行72h的性能测试考核。

第三节　燃气轮机压缩机清洗

燃气轮机所吸入的空气虽然已经经过过滤处理，但总避免不了有消除不了的细粉尘随空气一起进入燃气发生器压气机。这些细粉尘会在压缩机叶片表面上贴附、积聚；在工作一段时间以后，叶片表面上会积聚相当可观的粉尘，从而导致叶片流通面积减少，吸入的空气量亦会减少，动力涡轮发出的有用功率减低，涡轮排气温度升高，压缩机喘振，加速缓慢，不能加速到满速。为了使压缩机的性能得到恢复，需采取清洗的方法将叶片表面的积垢清除掉。

一、清洗方法

压缩机的清洗有两种：

(1) 压缩机的在线清洗：发动机可以在任何运行转速下进行的清洗。在线清洗一般适用于因为各种原因机组不能停运的情况下的清洗。在线清洗的效果较差，一般建议尽可能不使用在线清洗。

(2) 压缩机的离线清洗：发动机在停运情况下，由启动机将压缩机转子带转至一定转速下对发动机进行的清洗。尽可能采用离线清洗。

在线清洗和离线清洗都是为了维护压缩机，使用的效果好坏取决于清洗措施是否得当。是否有规律地对发动机的性能参数实施监控。如能对发动机的所有运行参数都实施监控，就能从这些数据中看出实施了在线及离线清洗的效果。然而发动机输出功率的减小不仅仅与叶片的污染有关，还与其他一些因素有关。因此不能把压缩机性能作为评估在线或离线清洗效果好坏的唯一标准。

离线清洗亦称为带转/浸泡清洗。发动机在启动机所能带转的清吹转速下运行，此时无燃料气供应，并且点火系统也不工作。

环境温度对于在线或离线清洗都有极大的影响，要保证发动机入口流通温度高于4℃，如不容易保证入口温度，建议只在环境温度高于15℃的情况下进行清洗。

在不能保证发动机入口流通温度高于4℃的情况下，如需要对发动机进行在线或离线清洗，则需要在清洗溶液中加入一定比例的防冻液，添加防冻液的比例要根据大气温度及使用不同牌号的清洗液来配制。在低温情况下不使用防冻液清洗发动机将可能产生严重的后果。

二、清洗装置

这里所说的清洗装置是指压缩机的清洗装置，不包括涡轮清洗装置，因为两者的积垢性质不一样，因此必须采用不同的方法清洗。涡轮的清洗仅在以原油或渣油为燃料时才必需配置，通常是没有的。用于压缩机清洗的方式都是湿式，以水为主要工质，所以通常称为水清洗系统。用来清洗的水必须满足下列要求：

（1）总的固体物：小于100ppm。
（2）最大粒子尺寸：149μm。
（3）pH值在6.0~8.0之间。
（4）含碱金属量(K、Na)：少于25ppm。

三、清洗过程

在进行清洗前将200L的清洗水加入箱内，并按一定比例加入化学清洗液。清洗装置是人工操作的，因此要求一个运行人员站在水箱旁，操纵手动阀和选择器开关，而另一个运行人员在主控室控制手动盘车开关。清洗工作开始，运行人员在小车旁直接操纵在控制板上的开关，启动手动盘车，打开手动阀，然后将开关放在清洗位置。接着启动电动机、泵。近200L的清洗溶液送到燃气发生器进口进气道上的水管，经小孔喷入压缩机。允许清洗液留在机内10~20min浸泡叶片。在浸泡结束时，运行人员可开始冲洗。冲洗程序同前，可以多次冲洗直到流出的水干净为止，如认为还没有达到清洗效果，则可以重复上述过程，直到认为洗净。清洗后，基本能恢复到发动机最初性能。但是运行时间长后，清洗往往不会达到原先效果，这是因为叶片表面本身会有损伤。

第四节　压缩机组的排污

压气机排污系统正常工作是保证其稳定工作的前提，因此在压气机的设计中排污系统的设计占有重要的位置。如果排污系统不能够及时排污，压缩空气中含有的油或杂质有可能会使气阀产生积炭，严重时会产生液击现象，最终导致压缩机故障，甚至有着火或爆炸的危险，因此，针对高压空气压缩机排污系统的研究、分析尤为重要。

高压空气压缩机常规的排污控制单元主要分为两类，一类是利用手动方式进行排污的结构，这种结构操作简单，且性能可靠，但通常均会涉及多级压缩，各级排污较繁琐，特别是高压下手动排污时不可避免地存在一定风险，并且常常伴随有较大的劳动强度；一类是利用自动方式进行排污的结构，电磁阀或气动阀在这类结构中的应用一定程度上提高了排污系统的安全性和自动化水平。目前，高压空气压缩机排污系统多采用前述两类控制单元通过不同组合实现排污，以保证高压空气压缩机的稳定运行。

压气站的排污系统由分离器、汇管、清管收发装置等设备上的单条排污管道汇总到总排污管道，直至排污池或排污罐。

一、排污准备

（1）用便携式可燃气体检测仪检测排污池周围 2m 内的可燃气体含量，应控制在天然气爆炸极限下限，监视管制周围行人和火源，避免挥发气体遇火爆燃。

（2）观察排污时风向，宜使工艺站场处于上风口。

（3）对于排污场所为排污池的站场，排污前应向排污池内注入清水，使水面保持在排污管口以上 10cm。对于排污场所为排污罐的站场，根据排污罐设计的工艺流程分别执行相应的作业指导书或规定。

（4）排污前应记录排污罐、排污池的液位数据。

二、排污操作

（1）应将需排污的工艺设备从工作流程中退出运行，然后放空降压至不高于 1.0MPa（表压），对于有排污罐的站场降压到不高于 0.5MPa（表压），再进行排污。

（2）对并联运行的站场工艺设备的排污需逐路进行，在操作过程中缓慢操作，细致观察避免大量天然气排出冲击池内或罐内液体。

三、排污物理分析

排出污液的物理特性分析为油水比例分析。

排污作业中要根据要求进行取样，取样方法及要求另见相关要求。待取出液样的油水界面完全分离后，人工评测油水所占的比例，应及时对采样瓶进行密封，防止挥发，原则上液样保留时间为半个月。

四、化学组分分析

（1）污液采样完成，进行液样检测工作，统一送检，在运输过程中避免日照、泄漏、碰撞，严防取样瓶燃烧、爆炸。

（2）送检工作根据需要按照管理处要求进行。

五、污液清理

（1）在环境温度低于 0℃时，入冬前应对排污池进行清理。

（2）一般由管理处联系具有相关资质的单位签订协议处理污液。

（3）排污池清出的污液要用车运走，由污液处理单位负责处理，不得就地倾倒，以防止污染环境。

（4）在每次清运污液时站场应记录清理日期及污液量，并对清运的污液进行油水比例分析。

第五节　安全阀检定

安全阀是一种自动阀门，它不借助任何外力而利用介质本身的力来排出一额定数量的流体，以防止压力超过额定的安全值。当压力恢复正常后，阀门再行关闭并阻止介质继续流出。

一、拆卸安全阀

（1）关闭安全泄放阀临近的阀门，完成能量隔离。

（2）通过打开安全泄放阀自身的放空阀或缓慢打开安全泄放阀上游法兰螺丝的方式对安全泄放阀及其与邻近阀门间的管道进行放空，确认放空后拆下连接安全泄放阀的所有螺丝。

（3）拆下安全泄放阀；检查确认临近阀门有无内漏；如果安全泄放阀在一天内无法回装，必须用盲板隔离，否则用胶带临时封口。

二、安全阀的安装

（1）确认安全阀压力等级选型正确并在有效期内，铅封完好。

（2）缓慢打开上游阀门，用管道内的天然气吹扫短节，关闭上游阀门。

（3）将安全阀进口与管道出口对应连接好，打开上游阀门，确认安全阀出口不漏气。

（4）将安全阀出口与下游管线相连，确保无泄漏后，安全阀安装作业完成。

三、安全阀的日常检查和检定

（1）每日巡视、检查安全阀是否异常，铅封完好。

（2）安全阀检定周期一年（必须由取得当地检定资质的部门进行检定），必须要有备用安全阀，分批校验。

（3）安全阀出现异常或动作，必须立即校验。

附 录

缩写索引表

缩写词	英文名	中文名
ATS	Abort To Start	启动失败
CEC	Core Engine Controller	MARK VIe 控制器
CPU	Central Processing Unit	中央处理器
CDP	Compressor Discharge Pressure	液压伺服阀
DCS	Distributed Control System	集散控制系统
DLE	Dry Type Low Pollution	干式低污染
DM	Deceleration To Minimum Load	减速到最小负荷
DP	Differential Pressure Transmitter	差压变送器
ECD	Electronic Chip Detector	电子碎屑监控器
ESD	Emergency Shutdown	紧急停车
ESP	Emergency Stop Pressurized	压缩机带压紧急停车
ESD	Emergency Stop De-pressurized	压缩机泄压紧急停车
FGS	Fire Gas System	消防系统
GG	Gas Generator	燃气发生器
GT	Gas Turbine	燃气轮机
HMI	Human Machine Interface	人机界面(计算机控制屏)
HSPT	High Speed Power Turbine	高速动力涡轮
ITL	Inhibited To Load	禁止加载
ITI	Inhibited To Ignation	禁止点火
ITS	Inhibited To Start	禁止启动
MCC	Motor Control Center	电动机控制中心(马达控制中心)
N3	Power Turbine Speed	动力涡轮转速
NH	High Pressure Rotor Speed	高压转子转速
NL	Low Pressure Rotor Speed	低压转子转速

续表

缩写词	英文名	中文名
NS	Normal Stop	正常停车
OEM	Original Equipment Manufacturer	原始设备制造商
PID	Proportion Integration Differentiation	比例积分微分
PLC	Programming Language Control	可编程控制器
PT	Power Turbine	动力涡轮
QDM	Quantitative Debris Monitor	碎屑定量监视器
RTD	Resistance Temperature Detector	电阻温度检测器
RTDs	Thermal Resistance Transmitter	热电阻变送器
SAC	Single Annual Combust	环形燃烧室
SI	Stop To Idle	停车到急速
SCADA	Supervisory Control and Data Acquisition	监控和数据采集系统
SCS	Station Control System	站控系统
SCS	Safety Control Switch	安全控制开关
TMR	Triple Modular Redundancy	三重模块冗余度
UCP	Unit Control Panel	装置控制（柜）面板
UCS	Universal Character Set	通用字符集
UCS	Unit Control System	机组控制系统
UHM	Unit Health Monitoring	装置（健康）状态监视器
UPS	Uninterrupted Power Supply	不间断电源
UV	Ultraviolet	紫外线
VG32·T		40℃时的运动黏度
VIGV	Variable Inlet Guide Vane	可变进气导流叶片
VSV	Variable Stator Vanes	可变定子叶片